上岗轻松学

数码维修工程师鉴定指导中心 组织编写

图解 电子元器件识读与检测
快速入门

（视频版）

主　编　韩雪涛
副主编　吴　瑛　韩广兴

扫描书中的"二维码"
开启全新微视频学习模式

机械工业出版社

本书完全遵循国家职业技能标准和电子技术相关领域的实际岗位需求，在内容编排上充分考虑电子元器件识读与检测的特点，按照广大读者的学习习惯和知识的难易程度划分为9章，即电阻器的检测、电容器的检测、电感器的检测、二极管的检测、晶体管的检测、场效应晶体管的检测、晶闸管的检测、集成电路的检测和其他电器部件的检测。

　　学习者可以看着学、看着做、跟着练，通过"图文互动"的全新模式，轻松、快速地掌握电子元器件识读与检测技能。

　　书中大量的演示图解、操作案例以及实用数据可以供学习者在日后的工作中方便、快捷地查询使用。

　　本书还采用微视频讲解的全新教学模式，在内页重要知识点相关图文的旁边附印了二维码。读者只要用手机扫描书中相关知识点的二维码，即可在手机上实时浏览对应的教学视频，视频内容与图书涉及的知识完全匹配。晦涩难懂的图文知识通过相关专家的语言讲解，可使读者轻松领会，同时还可以极大地缓解阅读疲劳。

　　本书是电工学习电子元器件识读与检测的必备用书，也可作为相关机构的电子元器件识读与检测培训教材，还可供从事电子技术相关工作的专业技术人员使用。

图书在版编目（CIP）数据

图解电子元器件识读与检测快速入门：视频版/韩雪涛主编；数码维修工程师鉴定指导中心组织编写. — 北京：机械工业出版社，2018.8
（上岗轻松学）
ISBN 978-7-111-60786-1

Ⅰ. ①图… Ⅱ. ①韩… ②数… Ⅲ. ①电子元件—识别②电子元件—检测　Ⅳ. ①TN60

中国版本图书馆CIP数据核字(2018)第202937号

机械工业出版社（北京市百万庄大街22号　邮政编码100037）
策划编辑：陈玉芝　王　博　　责任编辑：王　博
责任校对：陈越　　　　　　　　责任印制：孙　炜
保定市中画美凯印刷有限公司印刷
2018年11月第1版第1次印刷
184mm×260mm・10印张・231千字
0001—4000册
标准书号：ISBN 978-7-111-60786-1
定价：49.80元

编委会

主　编　韩雪涛

副主编　吴　瑛　韩广兴

参　编　张丽梅　马梦霞　韩雪冬　张湘萍

　　　　朱　勇　吴惠英　高瑞征　周文静

　　　　王新霞　吴鹏飞　张义伟　唐秀鸶

　　　　宋明芳　吴　玮

前 言

电子元器件识读与检测技能是电工电子类从业人员必不可少的一项专业、基础、实用技能。该项技能的岗位需求非常广泛。随着技术的飞速发展以及市场竞争的日益加剧,越来越多的人认识到实用技能的重要性,关于电子元器件识读与检测技能的学习和培训也逐渐从知识层面延伸到技能层面。学习者更加注重这一技能能够用在哪儿,可以做什么。然而,目前市场上很多相关图书仍延续传统的编写模式,不仅严重影响了知识的时效性,而且在实用性上也大打折扣。

针对这种情况,为使读者快速掌握技能,及时应对岗位的发展需求,我们对电子元器件识读与检测内容进行了全新的梳理和整合,结合岗位培训特色,根据国家职业技能标准组织编写构架,引入多媒体出版特色,力求打造出具有全新学习理念的电工电子入门图书。

在编写理念方面

本书将国家职业技能标准与行业培训特色相融合,以市场需求为导向,把直接指导就业作为图书编写目标,注重实用性和知识性的融合,将学习技能作为图书的核心思想。书中的知识内容完全为技能服务,知识内容以实用、够用为主。全书突出操作,强化训练,让学习者阅读图书时不是在单纯地学习内容,而是在练习技能。

在内容结构方面

本书在结构的编排上,充分考虑当前市场的需求和读者的情况,结合实际岗位培训经验对电子元器件识读与检测这项技能进行全新的章节设置;内容的选取以实用为原则,案例的选择严格按照上岗从业的需求展开,确保内容符合实际工作需要;知识性内容在注重系统性的同时以够用为原则,明确知识为技能服务,确保图书内容符合市场需要,具备很强的实用性。

在编写形式方面

本书突破传统图书的编排和表述方式,引入了多媒体表现手法,采用双色图解的方式向学习者演示电子元器件识读与检测的知识技能,将传统意义上的以"读"为主变成以"看"为主,力求用生动的图例演示取代枯燥的文字叙述,使学习者通过二维平面图、三维结构图、演示操作图、实物效果图等多种图解方式直观地掌握实用技能中的关键环节和知识要点。

其次,图书还采用了数字媒体与传统纸质载体交互的全新教学方式。学习者可以通过手机扫描书中的二维码,实时浏览对应知识点的数字媒体资源。数字媒体资源与图书的图文资源相互衔接,相互补充,可充分调动学习者的主观能动性,确保其在短时间内获得最佳的学习效果。

本书由韩雪涛任主编，吴瑛、韩广兴任副主编，张丽梅、马梦霞、韩雪冬、张湘萍、朱勇、吴惠英、高瑞征、周文静、王新霞、吴鹏飞、张义伟、唐秀鸯、宋明芳、吴玮参加编写。

读者通过学习与实践还可参加相关资质的国家职业资格或工程师资格认证考试，获得相应等级的国家职业资格证书或数码维修工程师资格证书。如果读者在学习和考核认证方面有什么问题，可通过以下方式与我们联系。

数码维修工程师鉴定指导中心
网址：http://www.chinadse.org
联系电话：022-83718162/83715667/13114807267
E-MAIL:chinadse@163.com
地址：天津市南开区榕苑路4号天发科技园8-1-401 邮编：300384

希望本书的出版能够帮助读者快速掌握电子元器件识读与检测技能，同时欢迎广大读者给我们提出宝贵建议！如书中存在问题，可发邮件至cyztian@126.com与编辑联系！

编　者

目录

第1章
电阻器的检测

1.1 电阻器的种类和功能特点

电阻器简称电阻，是利用物质对其上所通过的电流产生阻碍作用这一特性制成的电子元件，是电子产品中最基本、最常用的元件之一。

1.1.1 电阻器的种类特点

固定电阻器的应用非常广泛，它是一种阻值固定的电阻器，依据制造工艺和功能的不同，主要分为碳膜电阻器、金属膜电阻器、金属氧化膜电阻器、合成碳膜电阻器、熔断电阻器、玻璃釉电阻器、水泥电阻器、排电阻器、贴片电阻器等。

 1. 碳膜电阻器

碳膜电阻器就是将炭在真空高温条件下分解的结晶碳蒸镀沉积在陶瓷骨架上制成的。这种电阻器的电压稳定性好，造价低，在普通电子产品中应用非常广泛。

【典型碳膜电阻器的实物外形】

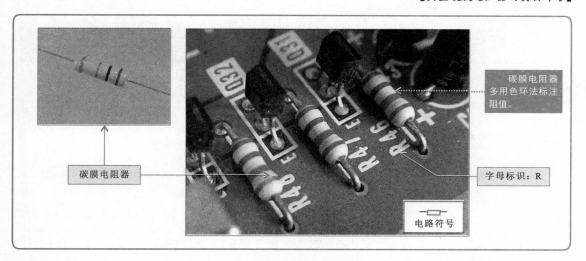

碳膜电阻器多用色环法标注阻值。

碳膜电阻器

字母标识：R

电路符号

 2. 金属膜电阻器

金属膜电阻器是将金属或合金材料在真空高温的条件下加热蒸镀沉积在陶瓷骨架上制成的。该种电阻器具有耐高温性能好、温度系数小、热稳定性好和噪声小等优点。与碳膜电阻器相比，体积更小，但价格也较高。

金属膜电阻器的外壳通常比较平滑、具有光泽。

金属膜电阻器

金属膜电阻器也大都采用色环法标注阻值。

电路符号

字母标识：R

3. 金属氧化膜电阻器

金属氧化膜电阻器就是将锡和锑的金属盐溶液通过高温喷雾沉积在陶瓷骨架上制成的。这种电阻器比金属膜电阻器更为优越，具有抗氧化、耐酸、抗高温等特点。

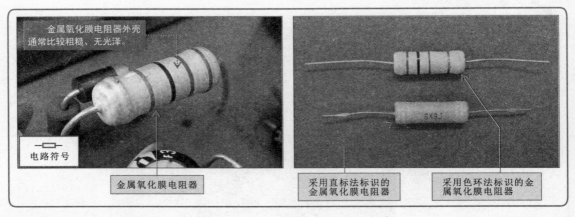

金属氧化膜电阻器外壳通常比较粗糙、无光泽。

电路符号

金属氧化膜电阻器

采用直标法标识的金属氧化膜电阻器

采用色环法标识的金属氧化膜电阻器

4. 合成碳膜电阻器

合成碳膜电阻器是将炭黑、填料还有一些有机黏合剂调配成悬浮液，喷涂在绝缘骨架上，再进行加热聚合而成的。这种电阻器通常采用色环法标注阻值。

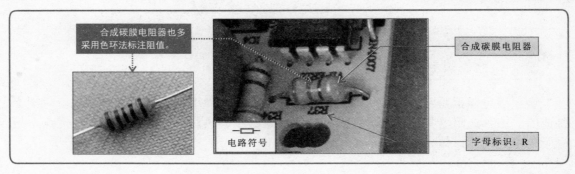

合成碳膜电阻器也多采用色环法标注阻值。

合成碳膜电阻器

电路符号

字母标识：R

5.熔断电阻器

熔断电阻器是一种具有过电流保护（熔断）功能的电阻器，其阻值通常采用色环法标注。正常情况下，熔断电阻器具有普通电阻器的电气功能，当电流过大时，就会熔断从而对电路起保护作用。

【典型熔断电阻器的实物外形】

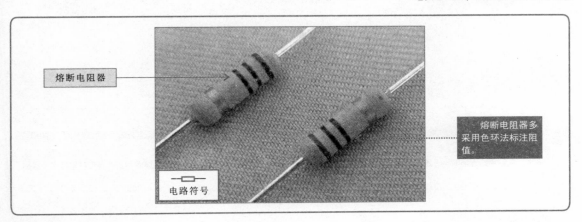

熔断电阻器

熔断电阻器多采用色环法标注阻值。

电路符号

6.玻璃釉电阻器

玻璃釉电阻器就是将银、铑、钉等金属氧化物和玻璃釉黏合剂调配成浆料，喷涂在绝缘骨架上，再进行高温加热聚合而成的。这种电阻具有耐高温、耐潮湿、稳定、噪声小和阻值范围大等特点。

【典型玻璃釉电阻器的实物外形】

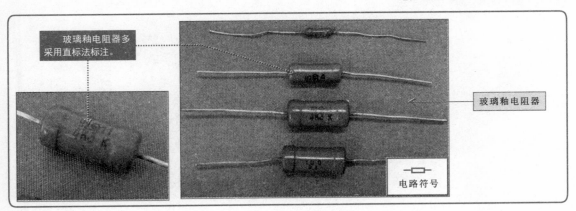

玻璃釉电阻器多采用直标法标注。

玻璃釉电阻器

电路符号

7.水泥电阻器

水泥电阻器是采用陶瓷、矿质材料封装的电阻器元件，其特点是功率大、阻值小，具有良好的阻燃、防爆特性。

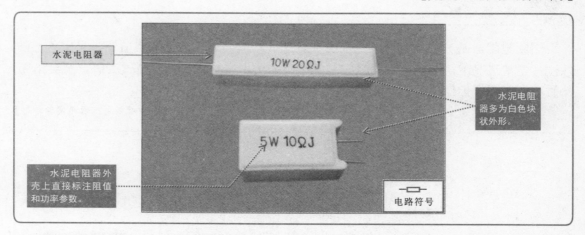

水泥电阻器

水泥电阻器多为白色块状外形。

水泥电阻器外壳上直接标注阻值和功率参数。

电路符号

特别提醒

通常，电路中的大功率电阻器多为水泥电阻器，当负载短路时，其电阻丝与焊脚间的压接处会迅速熔断，对整个电路起限流保护的作用。

 8. 排电阻器

排电阻器简称排阻，是将多个分立的电阻器按照一定规律排列集成为一个组合型电阻器，也称为集成电阻器、电阻阵列或电阻器网络。

【典型排电阻器的实物外形】

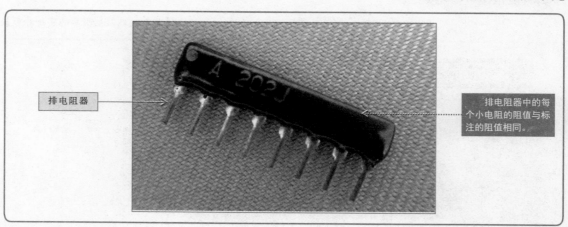

排电阻器

排电阻器中的每个小电阻的阻值与标注的阻值相同。

 9. 贴片电阻器

随着电路集成度的提高，很多电阻器都开始超小型化制作，这类电阻器就称为贴片电阻器。这种电阻器采用表面贴装方式焊接在电路板上。

贴片电阻器　　　贴片排电阻器　　　贴片熔断电阻器

10. 熔断器

　　熔断器又叫作熔丝，是一种具有过电流流保护功能的元件，多安装在电源电路中。熔断器的阻值很小，几乎为零，当电流超过自身负荷时，其就会熔断从而对电路起保护作用。

不透明熔断器　　　透明熔断器（可看见熔丝）　　　熔断器　　　字母标识：FU　　　电路符号

特别提醒

　　从外形来看，有时很难对电阻器进行区分，通常我们可以根据其外壳上的型号标识（数字和字母）对电阻器的材料、类别等进行识别。

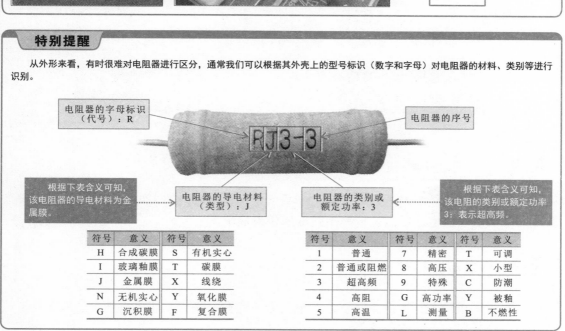

电阻器的字母标识（代号）：R　　　电阻器的序号

根据下表含义可知，该电阻器的导电材料为金属膜。　　　电阻器的导电材料（类型）：J　　　电阻器的类别或额定功率：3　　　根据下表含义可知，该电阻的类别或额定功率 3：表示超高频。

符号	意义	符号	意义
H	合成碳膜	S	有机实心
I	玻璃釉膜	T	碳膜
J	金属膜	X	线绕
N	无机实心	Y	氧化膜
G	沉积膜	F	复合膜

符号	意义	符号	意义	符号	意义
1	普通	7	精密	T	可调
2	普通或阻燃	8	高压	X	小型
3	超高频	9	特殊	C	防潮
4	高阻	G	高功率	Y	被釉
5	高温	L	测量	B	不燃性

电阻器在电路中主要用来调节、稳定电流和电压，既可以作为分流器、分压器，也可以作为电路的匹配负载，在电路中可用于放大电路的负反馈或正反馈电压/电流转换，输入过载时的电压或电流保护元件又可组成RC电路作为振荡、滤波、微分、积分及时间常数元件等。

 1. 电阻器的限流功能

电阻器阻碍电流的流动是其最基本的功能。根据欧姆定律，当电阻器两端的电压固定时，电阻值越大，流过它的电流越小，因而其常用作限流元件。

【电阻器的限流功能】

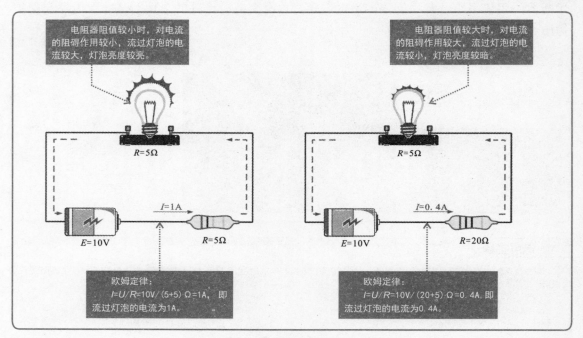

电阻器阻值较小时，对电流的阻碍作用较小，流过灯泡的电流较大，灯泡亮度较亮。

电阻器阻值较大时，对电流的阻碍作用较大，流过灯泡的电流较小，灯泡亮度较暗。

$R=5\Omega$

$R=5\Omega$

$I=1A$

$E=10V$

$R=5\Omega$

$I=0.4A$

$E=10V$

$R=20\Omega$

欧姆定律：
$I=U/R=10V/(5+5)\Omega=1A$，即流过灯泡的电流为1A。

欧姆定律：
$I=U/R=10V/(20+5)\Omega=0.4A$，即流过灯泡的电流为0.4A。

 2. 电阻器的降压功能

电阻器的降压功能是通过自身阻值产生一定的压降实现的，可以将送入的电压降低后再为其他部件供电，以满足电路中的低压供电需求。

 3. 电阻器的分流与分压功能

电路中采用两个（或两个以上）的电阻器并联在电路中，即可将送入的电流分流，电阻器之间分别为不同的分流点。

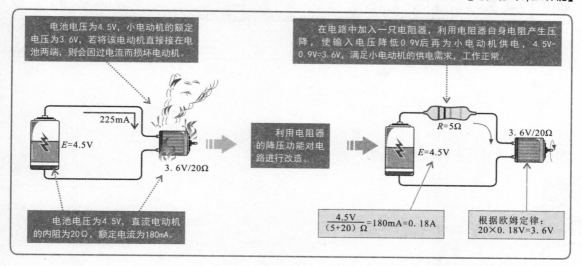

电池电压为4.5V，小电动机的额定电压为3.6V，若将该电动机直接接在电池两端，则会因过电流而损坏电动机。

在电路中加入一只电阻器，利用电阻器自身电阻产生压降，使输入电压降低0.9V后再为小电动机供电，4.5V-0.9V=3.6V，满足小电动机的供电需求，工作正常。

225mA

E=4.5V

3.6V/20Ω

利用电阻器的降压功能对电路进行改造。

R=5Ω

3.6V/20Ω

E=4.5V

电池电压为4.5V，直流电动机的内阻为20Ω，额定电流为180mA。

$$\frac{4.5V}{(5+20)\ \Omega}=180mA=0.18A$$

根据欧姆定律：
20×0.18V=3.6V

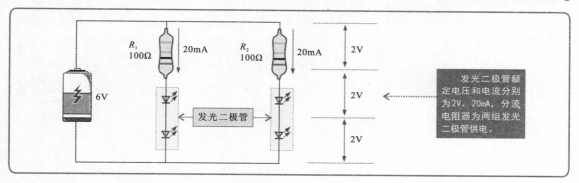

R_1
100Ω

20mA

R_2
100Ω

20mA

6V

发光二极管

2V

2V

2V

发光二极管额定电压和电流分别为2V、20mA，分流电阻器为两组发光二极管供电。

　　电路中，晶体管要处于最佳放大状态，应当选择线性放大状态，即静态时基极电压为2.8V时达到最佳状态，为此要设置一个电阻器分压电路，将9V分压成2.8V为晶体管基极供电。

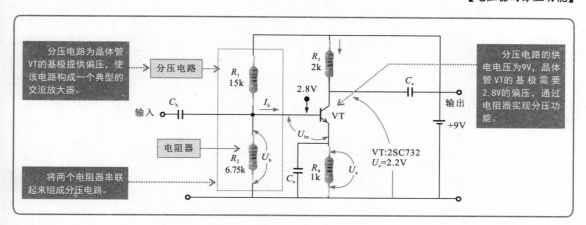

分压电路为晶体管VT的基极提供偏压，使该电路构成一个典型的交流放大器。

分压电路

R_1
15k

输入　C_b

I_b

2.8V

电阻器

R_2
6.75k

U_b

C_e

U_{be}

R_3
2k

VT

C_e

输出

+9V

R_4
1k

U_e

VT:2SC732
U_e=2.2V

将两个电阻器串联起来组成分压电路。

分压电路的供电电压为9V，晶体管VT的基极需要2.8V的偏压，通过电阻器实现分压功能。

1.2 电阻器的识别与选用

1.2.1 电阻器的参数识读

1. 色环含义的识读

色环标注法是将电阻器的参数用不同颜色的色环或色点标注在电阻器的表面上，通过识别色环或色点的颜色和位置读出电阻值。

【色环含义的识读】

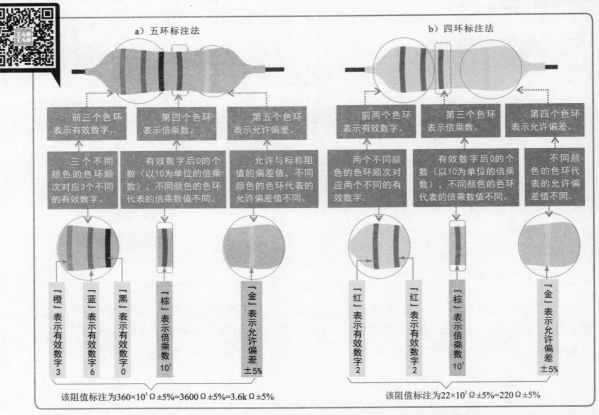

a) 五环标注法

前三个色环表示有效数字。
三个不同颜色的色环顺次对应3个不同的有效数字。

第四个色环表示倍乘数。
有效数字后0的个数（以10为单位的倍乘数），不同颜色的色环代表的倍乘数值不同。

第五个色环表示允许偏差。
允许与标称阻值的偏差值，不同颜色的色环代表的允许偏差值不同。

「橙」表示有效数字3
「蓝」表示有效数字6
「黑」表示有效数字0
「棕」表示倍乘数10¹
「金」表示允许偏差±5%

该阻值标注为360×10¹Ω±5%=3600Ω±5%=3.6kΩ±5%

b) 四环标注法

前两个色环表示有效数字。
两个不同颜色的色环顺次对应两个不同的有效数字。

第三个色环表示倍乘数。
有效数字后0的个数（以10为单位的倍乘数），不同颜色的色环代表的倍乘数值不同。

第四个色环表示允许偏差。
不同颜色的色环代表的允许偏差值不同。

「红」表示有效数字2
「红」表示有效数字2
「棕」表示倍乘数10¹
「金」表示允许偏差±5%

该阻值标注为22×10¹Ω±5%=220Ω±5%

特别提醒

不同位置的色环颜色所表示的含义不同。

色环颜色	色环所处的排列位			色环颜色	色环所处的排列位		
	有效数字	倍乘数	允许偏差		有效数字	倍乘数	允许偏差
银色	—	10^{-2}	±10%	绿色	5	10^{5}	±0.50%
金色	—	10^{-1}	±5%	蓝色	6	10^{6}	±0.25%
黑色	0	10^{0}	—	紫色	7	10^{7}	±0.10%
棕色	1	10^{1}	±1%	灰色	8	10^{8}	—
红色	2	10^{2}	±2%	白色	9	10^{9}	−20%～+50%
橙色	3	10^{3}	—	无色	—	—	—
黄色	4	10^{4}	—				

在识读色环标注的电阻器阻值时，一般可从四个方面入手找到起始端并识读，即通过允许偏差色环识读、色环位置识读、色环间距识读、电阻值与允许偏差识读。

【确定色环标注的电阻器色环起始端】

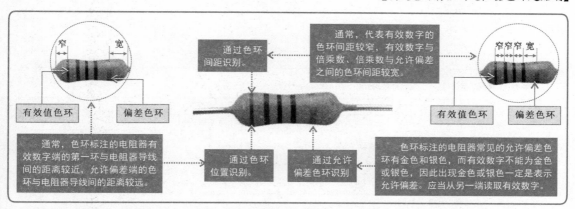

窄　宽

有效值色环　偏差色环

通过色环间距识别。

通常，代表有效数字的色环间距较窄，有效数字与倍乘数、倍乘数与允许偏差之间的色环间距较宽。

窄窄窄宽

有效值色环　偏差色环

通常，色环标注的电阻器有效数字端的第一环与电阻器导线间的距离较近，允许偏差端的色环与电阻器导线间的距离较远。

通过色环位置识别。

通过允许偏差色环识读

色环标注的电阻器常见的允许偏差色环有金色和银色，而有效数字不能为金色或银色，因此出现金色或银色一定是表示允许偏差。应当从另一端读取有效数字。

特别提醒

可根据以上内容完成对色环标注的电阻器阻值的识读。

色环颜色为灰、红、绿和金。

查表分别对应含义为8、2、10^5和±5%。

识读结果为8.2MΩ±5%。

图中，第一、二个色环代表有效数字，灰、红色分别为数字8、2；第三个色环表示倍乘数，绿色为10^5；第四个色环代表允许误差，金色为±5%，结合起来为82×10^5Ω±5%=8.2 MΩ±5%。

▰ **2.数字字符含义的识读**

直接标注是指通过一些数字字符将电阻器的阻值等参数标注在电阻器上，通过识读这些数字字符即可了解到电阻器的电阻值及相关的参数。

【数字字符含义的识读】

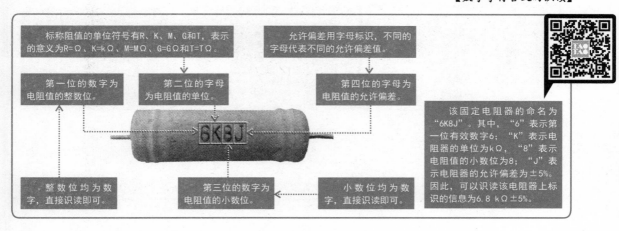

标称阻值的单位符号有R、K、M、G和T，表示的意义为R=Ω、K=kΩ、M=MΩ、G=GΩ和T=TΩ。

允许偏差用字母标识，不同的字母代表不同的允许偏差值。

第一位的数字为电阻值的整数位。

第二位的字母为电阻值的单位。

第四位的字母为电阻值的允许偏差。

6K8J

整数位均为数字，直接识读即可。

第三位的数字为电阻值的小数位。

小数位均为数字，直接识读即可。

该固定电阻器的命名为"6K8J"。其中，"6"表示第一位有效数字6；"K"表示电阻器的单位为kΩ，"8"表示电阻值的小数位为8；"J"表示电阻器的允许偏差为±5%。因此，可以识读该电阻器上标识的信息为6.8 kΩ±5%。

普通电阻器允许偏差中的不同字母代表的意义不同。

型号	意义	型号	意义	型号	意义	型号	意义
Y	±0.001%	P	±0.02%	D	±0.5%	K	±10%
X	±0.002%	W	±0.05%	F	±1%	M	±20%
E	±0.005%	B	±0.1%	G	±2%	N	±30%
L	±0.01%	C	±0.25%	J	±5%		

下表为在"数字+字母+数字"组合标注形式中，电阻器的字母符号所对应的意义。

符号	意义	符号	意义	符号	意义	符号	意义
R	普通电阻	MZ	正温度系数热敏电阻	MG	光敏电阻	MQ	气敏电阻
MY	压敏电阻	MF	负温度系数热敏电阻	MS	湿敏电阻	MC	磁敏电阻
ML	力敏电阻						

下表为在"数字+字母+数字"组合标注的形式中，电阻器导电材料的符号及意义。

符号	意义	符号	意义	符号	意义	符号	意义
H	合成碳膜	N	无机实心	T	碳膜	Y	氧化膜
I	玻璃釉膜	C	沉积膜	X	线绕	F	复合膜
J	金属膜	S	有机实心				

下表为在"数字+字母+数字"组合标注的形式中，电阻器类别符号及意义。

符号	意义	符号	意义	符号	意义	符号	意义
1	普通	5	高温	G	高功率	C	防潮
2	普通或阻燃	6	精密	L	测量	Y	被釉
3	超高频	7	高压	T	可调	B	不燃性
4	高阻	8	特殊（如熔断型等）	X	小型		

另外，由于贴片电阻器的体积比较小，通常采用数码法或直标法。

【贴片电阻器上几种常见标注的识读】

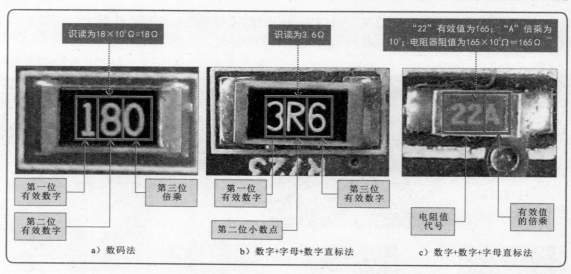

a）数码法　　b）数字+字母+数字直标法　　c）数字+数字+字母直标法

前两种标注方法的识读比较简单、直观，第三种标注方法需要了解不同数字所代表的有效值，以及不同字母对应的具体倍乘数。

代码	有效值	代码	有效值	代码	有效值	代码	有效值	代码	有效值	代码	有效值
01	100	17	147	33	215	49	316	65	464	81	681
02	102	18	150	34	221	50	324	66	475	82	698
03	105	19	154	35	226	51	332	67	487	83	715
04	107	20	158	36	232	52	340	68	499	84	732
05	110	21	162	37	237	53	348	69	511	85	750
06	113	22	165	38	243	54	357	70	523	86	768
07	115	23	169	39	249	55	365	71	536	87	787
08	118	24	174	40	255	56	374	72	549	88	806
09	121	25	178	41	261	57	383	73	562	89	825
10	124	26	182	42	267	58	392	74	576	90	845
11	127	27	187	43	274	59	402	75	590	91	866
12	130	28	191	44	280	60	412	76	604	92	887
13	133	29	196	45	287	61	422	77	619	93	909
14	137	30	200	46	294	62	432	78	634	94	931
15	140	31	205	47	301	63	442	79	649	95	953
16	143	32	210	48	309	64	453	80	665	96	976

a）数字+数字+字母直标法中数字代码的含义

字母代号	A	B	C	D	E	F	G	H	X	Y	Z
倍乘数	10^0	10^1	10^2	10^3	10^4	10^5	10^6	10^7	10^{-1}	10^{-2}	10^{-3}

b）不同字母所代表的倍乘数含义

3.光敏电阻器标识的识读

光敏电阻器标识的识读见下图。

【光敏电阻器标识的识读】

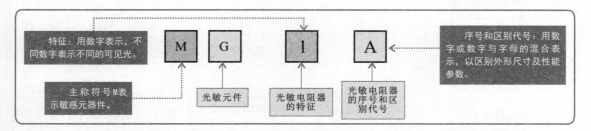

光敏电阻器标识的具体含义见下表。

MG	0	1	4	7	序号和区别代号
光敏电阻器	特殊用途	紫外型	可见光型	红外型	用数字或数字与字母的混合表示，以区别电阻器的外形尺寸及性能参数

4. 热敏电阻器标识的识读

热敏电阻器标识的识读见下图。

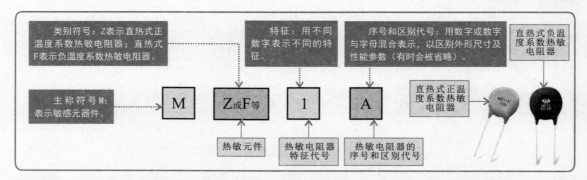

特别提醒

热敏电阻器标识的具体含义见下表。

M			1	2	3	4	5	6	7	
敏感元器件	Z	直热式正温度系数热敏电阻器								用数字或数字与字母的混合表示，以区别电阻器的外形尺寸及性能参数
			补偿型	限流型	起动型	加热型	测温型	控温型	消磁型	
	F	直热式负温度系数热敏电阻器	1	2	3	–	5	6	7	
			补偿型	稳压型	微波测量型		测温型	控温型	抑制型	

5. 湿敏电阻器标识的识读

湿敏电阻器标识的识读见下图。

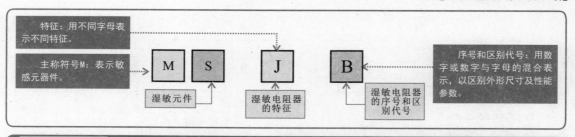

特别提醒

湿敏电阻器标识的具体含义见下表。

主称及类别		特 征		序号和区别代号
字母	含义	字母	含义	
MS	湿敏电阻器	Z	电阻式	用数字或数字与字母的混合表示，以区别外形尺寸及性能参数
		R	电容式	
		J	阶跃式	
		G	场效应管式	

6.压敏电阻器标识的识读

压敏电阻器标识的识读见下图。

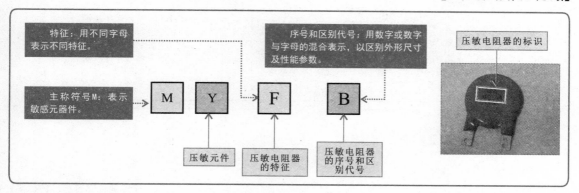

特征：用不同字母表示不同特征。

序号和区别代号：用数字或数字与字母的混合表示，以区别外形尺寸及性能参数。

主称符号M：表示敏感元器件。

M Y F B

压敏元件

压敏电阻器的特征

压敏电阻器的序号和区别代号

压敏电阻器的标识

特别提醒

压敏电阻器标识的具体含义见下表。

主称及类别		特征				序号和区别代号
字母	含义	字母	含义	字母	含义	
MY	压敏电阻器	F	复合功能型	U	组合型	用数字或数字与字母的混合表示，有的在序号的后面还有标称电压、电阻体直径及电压误差等
		G	过压保护型	N	高能型	
		L	防雷型	S	指示型	
		Z	消噪型			

 7.气敏电阻器标识的识读

气敏电阻器标识的识读见下图。

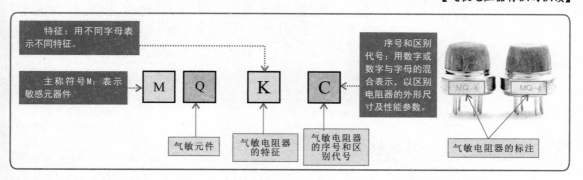

特征：用不同字母表示不同特征。

主称符号M：表示敏感元器件。

序号和区别代号：用数字或数字与字母的混合表示，以区别电阻器的外形尺寸及性能参数。

M Q K C

气敏元件

气敏电阻器的特征

气敏电阻器的序号和区别代号

气敏电阻器的标注

气敏电阻器标识的具体含义见下表。

主称及类别		特征						序号和区别代号
字母	含义	字母	含义	字母	含义	字母	含义	
MQ	气敏电阻器	J	酒精气体型	ET	二氧化碳型	YQ	乙或甲烷型	用数字或数字与字母的混合表示,以区别电阻器的外形尺寸及性能参数
		K	可燃性气体型	EL	二氧化硫型			
		Y	氧化型	YD	一氧化氮型			
		Q	氢气型	ED	二氧化氮型			
		YT	一氧化碳型	LQ	硫化氢型			

8. 可调电阻器标识的识读

可调电阻器标识的识读见下图。

【可调电阻器标识的识读】

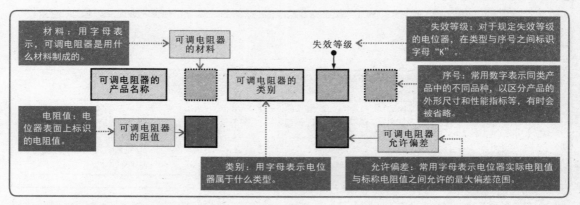

产品名称和类别字母含义见下表。

符号	WX	WH	WN	WD	WS	WI	WJ	WY	WF
产品名称	线绕电位器	合成碳膜电位器	无机实心电位器	导电塑料电位器	有机实心电位器	玻璃釉膜电位器	金属膜电位器	氧化膜电位器	复合膜电位器

a)可调电阻器产品名称字母含义

符号	G	H	B	W	Y	J	D	M	X	Z	P	T
产品类别	高压类	组合类	片式类	螺杆驱动预调类	旋转预调类	单圈旋转精密类	多圈旋转精密类	直滑式精密类	旋转低功率	直滑式低功率	旋转功率类	特殊类

b)可调电阻器类别字母含义

▶ 1.2.2 电阻器的选用代换

若在实际应用中发现电阻器损坏,则应对其进行代换。代换电阻器时,要遵循基本的代换原则。

1. 普通电阻器的选用与代换

在代换普通电阻器时，应尽可能选用同型号的电阻器，若无法找到同型号电阻器时，则代换电阻器的标称阻值要与所需电阻器的阻值间差值越小越好。一般电路中选用电阻器允许偏差为±5%～±10%；所选电阻器的额定功率应符合应用电路中对电阻器功率容量的要求。一般所选电阻器的额定功率应大于实际承受功率的两倍以上。

【普通电阻器的选用与代换实例】

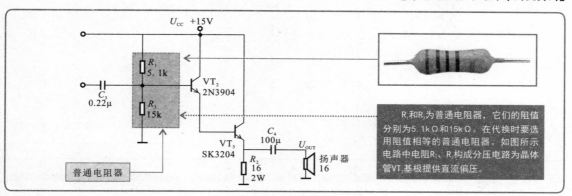

特别提醒

对于插接焊装的电阻器，其引脚通常会穿过电路板，在电路板的另一面（背面）焊接固定，这是应用最广泛的一种安装方式。在代换这类电阻器时，通常使用普通电烙铁即可。在代换电阻器的操作中，不仅要确保人身安全，同时也要保证设备（或线路）不要因拆装电阻器而造成二次损坏。因此，安全拆卸和焊装非常重要。

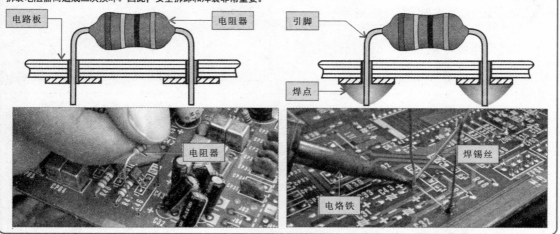

2. 熔断电阻器的选用与代换

在代换熔断电阻器时，也要遵循同等型号优先，若无法实现则选择电阻值差值小的电阻器且功率符合电路要求这一原则。电阻值过大或功率过大，均不能起到保护作用。

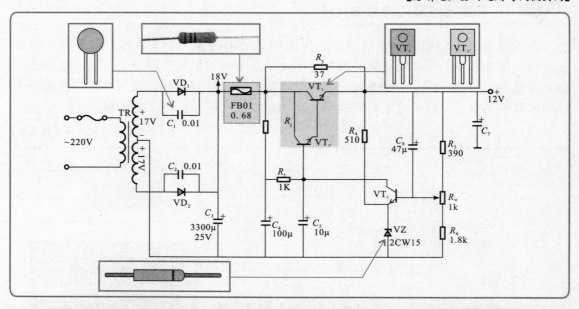

在限流保护电路中，FB01为线绕电阻器，阻值为0.68Ω。代换时，要选用阻值相等的线绕电阻器代换。线绕电阻器主要起限流作用，流过的电流较大，因而需要功率较大的电阻器（5W），该电阻器与电容配合还具有滤波作用。电路中，直流12V电源电路中设有熔断电阻器FB01（0.68Ω），如果负载过大，FB01会熔断，从而起保护电路作用。

3. 水泥电阻器的选用与代换

在代换水泥电阻器时，遵循前述原则。

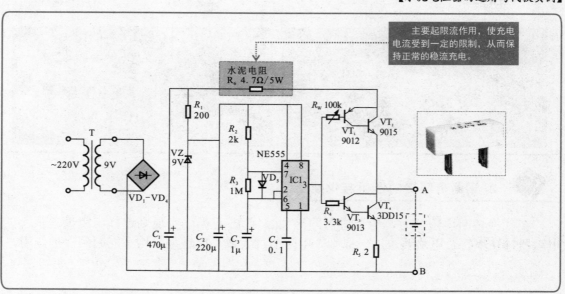

4.电位器的选用与代换

在代换电位器时，除遵循前述原则外,阻值可变范围不应超出电路承受力。

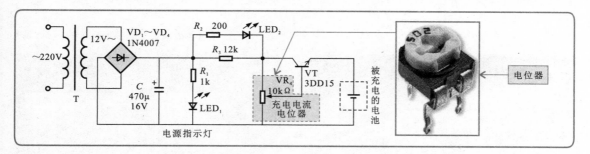

特别提醒

在电池充电器电路中，VR₄为电位器，阻值最大是10kΩ，代换时，要选用阻值相等的电位器。该电路为电池充电器电路，为了对不同数量的电池充电，在电路中常选用10kΩ的电位器作为电压调整件。

220V交流电源经变压器T变成交流12V电压后由二极管VD₁～VD₄桥式整流，再经电容C滤波、电阻R₃限流后由晶体管V和电位器VR₄调压输出。晶体管V和电位器VR₄组成调压电路，通过调整输出电压来满足对不同数量电池充电的需要，并控制充电电流。

5.气敏电阻器的选用与代换

在代换气敏电阻器时，同样遵循前述原则。

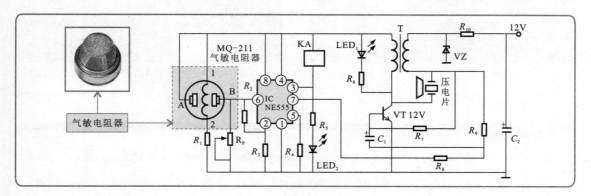

特别提醒

在上图所示抽油烟机的控制电路中，MQ为气敏电阻器，它的型号为211。其可将油烟的浓度转换成电压送到IC中，当空气中的油烟浓度超过允许值时，IC的3、7脚输出控制信号。

由于电阻器的形态各异，安装方式也不相同，因此代换电阻器时一定要注意方法，要根据电路特点及电阻器自身特性选择正确、稳妥的代换方法，防止二次故障，力求代换后的电阻器能够良好、长久、稳定地工作。通常，电阻器都是采用焊装的形式固定在电路板上的，从焊装的形式上看，主要可以分为表面贴装和插接焊装两种形式。插接焊装形式可参考前文的介绍，下面重点学习一下表面贴装电阻器的拆卸和焊接方法。

【表面贴装电阻器的拆卸和焊接方法】

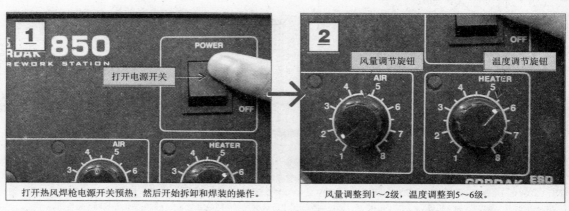

打开热风焊枪电源开关预热，然后开始拆卸和焊装的操作。

风量调整到1～2级，温度调整到5～6级。

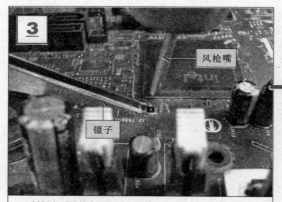

拆卸表面贴装电阻器时，用热风焊枪加热，用镊子将电阻器取下。

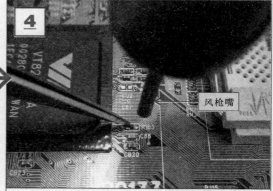

焊装时，用镊子按住电阻器（防止被焊枪出风吹歪或吹跑），用热风焊枪加热。

特别提醒

　　表面贴装电阻器的体积普遍较小，常用在数码电路中。在拆卸和焊接时，最好使用热风焊枪和镊子实现对电阻器的抓取、固定或挪动等操作。

　　在拆卸之前，应首先对操作环境进行检查，确保操作环境干燥、清洁，操作平台稳固、平整，待检修电路板（或设备）处于断电、冷却状态。

　　在操作前，操作者应对自身进行放电，以免静电击穿电路板上的元器件，放电后即可使用拆焊工具对电路板上的电阻器进行拆焊操作。

　　拆卸时，应确认电阻器针脚处的焊锡被彻底清除，才能小心地将其从电路板上取下。取下时，一定要谨慎，若在引脚焊点处还有焊锡粘连的现象，应再用电烙铁及时进行清除，直至待更换电阻器被稳妥取下，切不可硬拔。

　　拆下后，用酒精清洁焊孔，若电路板上有氧化或未去除的焊锡，则可用砂纸等打磨，去除氧化层，为更换安装新的电阻器做好准备，对拆卸完毕后的焊孔进行清洁操作。

1.3 电阻器的检测方法

▶ 1.3.1 色环标注的电阻器的检测方法 ≫

检测色环标注的电阻器的阻值时，首先要识读其阻值，然后使用万用表检测其阻值，并将测量结果与识读的阻值比对，从而判别电阻器的性能。

【色环电阻器的检测方法】

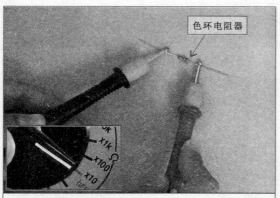

将万用表量程旋钮调整至"R×10"电阻档，并进行调零。将红、黑表笔分别搭在待测电阻器的引脚两端。

结合挡位设置（"R×10"电阻档），观察指针指示位置，识读当前测量值为24×10Ω＝240Ω，正常。

特别提醒

测量时，手不要碰到表笔的金属部分，也不要碰到电阻器的两只引脚，否则人体电阻并联于待测电阻器上会影响测量的准确性。如果检测电路板上的电阻，则可将待测电阻器焊下开路检测，因为在路测量电阻器时，可能会因电路中其他元器件的影响，而造成测量值的偏差。一般有以下几种情况：

● 实测结果等于或十分接近所测量电阻器的标称阻值：
这种情况表明所测电阻器正常。

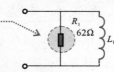
待测电阻器R₁两端并联有一只电感器L₁。实测结果相当于电感器与电阻器并联的电阻值。

● 实测结果远远大于所测量电阻器的标称阻值：
这种情况可以直接判断该电阻器存在开路（阻值为无穷大）或阻值增大（比较少见）的现象，电阻器损坏。

● 实测结果十分接近0Ω：这种情况不能直接判断电阻器短路，因为电阻器出现短路的故障不常见，可能是由于电路中该电阻器两端并联有其他小阻值的电阻器或电感器造成的，电感器的直流电阻值通常很小。此时，可采用开路检测的方法进一步检测证实。

▶ 1.3.2 热敏电阻器的检测方法 ≫

检测热敏电阻器的阻值时，首先要识读待测热敏电阻器的阻值，然后使用万用表对不同温度下的热敏电阻器阻值进行检测，根据检测结果判断热敏电阻器是否正常。

特别提醒

红、黑表笔不动，使用吹风机或电烙铁加热热敏电阻器时，万用表的指针随温度的变化而摆动，表明热敏电阻器基本正常；若温度变化，阻值不变，则说明该热敏电阻器性能不良。

若在测试过程中，热敏电阻器的阻值随温度升高而增大，则该电阻器为正温度系数热敏电阻器（PTC）；若其阻值随温度升高而降低，则该电阻器为负温度系数热敏电阻器（NTC）。

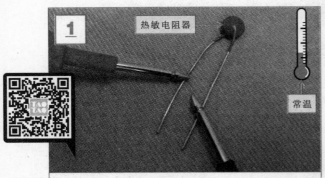

将万用表调整至"R×10"电阻档，红、黑表笔分别搭在待测热敏电阻器的引脚两端。

观察指针指示的位置，识读当前测量值为330Ω，正常。

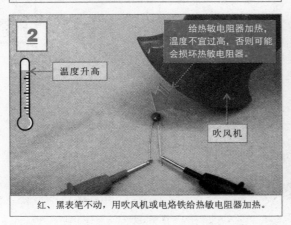

给热敏电阻器加热，温度不宜过高，否则可能会损坏热敏电阻器。

红、黑表笔不动，用吹风机或电烙铁给热敏电阻器加热。

温度变化时，测量的阻值也会随着温度的变化而变化。

观察指针的指示位置，读取当前测量值为1300Ω，正常。

▶ 1.3.3 光敏电阻器的检测方法 »

光敏电阻器的阻值会随外界光照强度的变化而随之发生变化。检测光敏电阻器时，可使用万用表通过测量其在不同光照强度下的阻值来判断是否损坏。

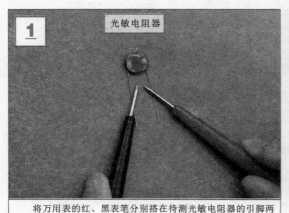

将万用表的红、黑表笔分别搭在待测光敏电阻器的引脚两端。

可以使用手电筒或发光物体照射光敏电阻器，以检测其在明亮条件下的阻值。

结合档位设置（"R×100"电阻档），观察指针的指示位置，识读当前测量值为5×100Ω＝500Ω，正常。

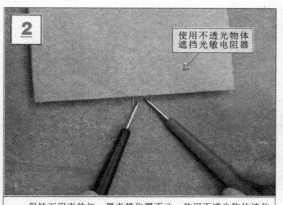

保持万用表的红、黑表笔位置不动，使用不透光物体遮住光敏电阻器的感光面。

结合档位设置（"R×1k"电阻档），观察指针的指示位置，识读当前测量值为14×1kΩ＝14kΩ，正常。

▶ 1.3.4 湿敏电阻器的检测方法 ≫

　　湿敏电阻器的检测方法与热敏电阻器的检测方法相似，不同的是测量时通过改变湿度条件，用万用表检测湿敏电阻器的阻值变化情况来判别好坏（指针万用表和数字万用表都是常用的测量仪表。目前由于数字万用表读数直观，精确度高，应用较为广泛；但指针万用表也具有其不可替代的优势，比如读数时能通过指针变化和摆动幅度了解待测器件参数状态，也必不可少）。

干燥条件下

湿敏电阻器

湿敏电阻器上一般没有任何标识，实际检测时，可根据其所在电路的图样资料了解标称阻值或根据一般规律判断好坏。

将万用表的红、黑表笔分别搭在待测温敏电阻器的引脚两端。

结合档位设置（"R×10k"电阻档），观察指针的指示位置，识读当前测量值为75.6×10kΩ＝756kΩ，正常。

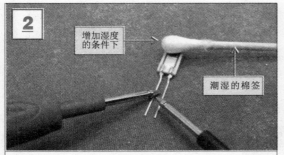

增加湿度的条件下

潮湿的棉签

红、黑表笔不动，将潮湿的棉签放在湿敏电阻器的表面，增加湿度。

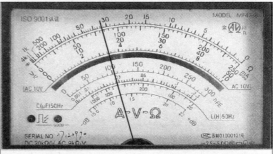

结合档位设置（"R×10k"电阻档），观察指针的指示位置，读取当前测量值为34.8×10kΩ＝348kΩ，正常。

检测时，应根据气敏电阻器的具体功能改变其周围可测气体的浓度，同时用万用表监测气敏电阻器在电路中参数的变化情况来判断好坏。

【普通环境下检测气敏电阻器的输出电压值】

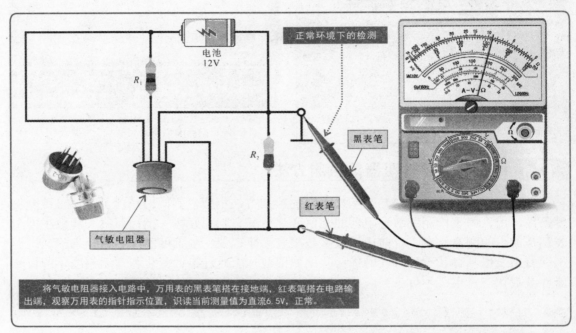

正常环境下的检测

黑表笔

红表笔

气敏电阻器

电池 12V

R_1

R_2

将气敏电阻器接入电路中，万用表的黑表笔搭在接地端，红表笔搭在电路输出端，观察万用表的指针指示位置，识读当前测量值为直流6.5V，正常。

【气体浓度增加环境下检测气敏电阻器的输出电压值】

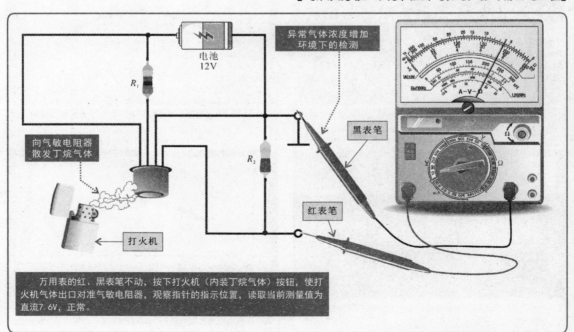

异常气体浓度增加环境下的检测

黑表笔

红表笔

向气敏电阻器散发丁烷气体

打火机

电池 12V

R_1

R_2

万用表的红、黑表笔不动，按下打火机（内装丁烷气体）按钮，使打火机气体出口对准气敏电阻器，观察指针的指示位置，读取当前测量值为直流7.6V，正常。

根据实测结果可对气敏电阻器的好坏做出判断：

将气敏电阻器放置在电路中（单独检测气敏电阻器不容易测出其阻值的变化特点，在其工作状态下很明显），若气敏电阻器所检测气体浓度发生变化，则其所在电路中的相应电压参数也应发生变化，否则多为气敏电阻器损坏。

▶ 1.3.6 压敏电阻器的检测方法 ≫

检测压敏电阻器时，可以使用万用表对其开路状态下的阻值进行检测，根据检测结果判断是否正常。

【压敏电阻器的检测方法】

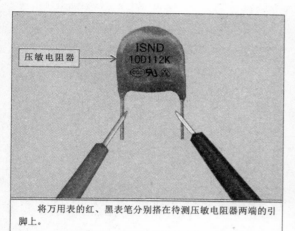

压敏电阻器

将万用表的红、黑表笔分别搭在待测压敏电阻器两端的引脚上。

观察万用表的显示屏读取实测压敏电阻器的阻值为138.5kΩ，正常。

▶ 1.3.7 可调电阻器的检测方法 ≫

检测可调电阻器时，可以使用万用表对其引脚进行检测，根据检测结果判断是否损坏。

【可调电阻器的检测方法】

定片引脚

将万用表的量程调整至"R×10"电阻档，红、黑表笔分别搭在可调电阻器的定片引脚上。

观察指针的指示位置，识读当前的测量值为20×10Ω＝200Ω。

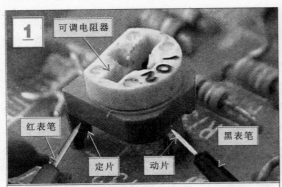

将万用表的红表笔搭在可调电阻器的某一定片引脚上，黑表笔搭在动片引脚上。

结合档位设置（"R×10"电阻档），观察指针的指示位置，识读当前的测量值为7×10Ω＝70Ω。

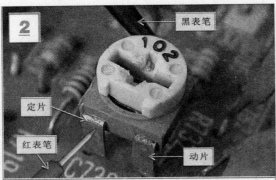

保持万用表的黑表笔不动，将红表笔搭在另一定片引脚上。

结合档位的设置（"R×10"电阻档），观察指针的指示位置，识读当前的测量值为7×10Ω＝70Ω。

将两表笔搭在可调电阻器的定片引脚和动片引脚上，使用螺钉旋具分别顺时针和逆时针调节可调电阻器的调整旋钮。

在正常情况下，随着螺钉旋具的转动，万用表的指针在零到标称值之间平滑摆动。

特别提醒

在路测量应注意外围元器件的影响。根据实测结果对可调电阻器的好坏做出判断：

● 若两定片之间的电阻值趋近于0Ω或无穷大，则该可调电阻器已经损坏。

● 在正常情况下，定片与动片之间的阻值应小于标称值。

● 若定片与动片之间的最大电阻值和最小电阻值十分接近，则说明该可调电阻器已失去调节功能。

第2章
电容器的检测

2.1 电容器的种类和功能特点

▶ 2.1.1 电容器的种类特点

　　电容器是一种可储存电能的元件（储能元件），通常简称为电容。常见的无极性电容器主要有纸介电容器、瓷介电容器、云母电容器、涤纶电容器、玻璃釉电容器和聚苯乙烯电容器等。

1. 色环电容器

　　色环电容器是指在电容器的外壳上标识有多条不同颜色的环的电容器，色环用以标识其电容量和允许偏差，与色环电阻器十分相似。

【典型色环电容器的实物外形】

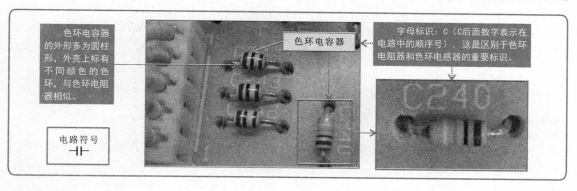

色环电容器的外形多为圆柱形，外壳上标有不同颜色的色环，与色环电阻器相似。

色环电容器

字母标识：C（C后面数字表示在电路中的顺序号），这是区别于色环电阻器和色环电感器的重要标识。

电路符号
⊣⊢

C240

2. 纸介电容器

　　纸介电容器是以纸为介质的电容器。它用两层带状的铝或锡箔中间垫上浸过石蜡的纸卷成筒状，再装入绝缘纸壳或陶瓷壳中，引出端用绝缘材料封装制成。
　　纸介电容器的价格低、体积大、损耗大且稳定性较差。其由于存在较大的固有电感，因此不宜在频率较高的电路中使用，常用于电动机起动电路中。

3. 瓷介电容器

　　瓷介电容器以陶瓷材料作为介质，在其外层常涂以各种颜色的保护漆，并在陶瓷片上覆银制成极板。

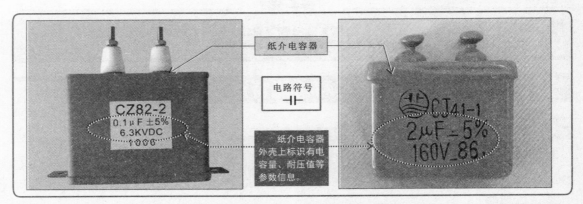

纸介电容器

电路符号

CZ82-2
0.1μF ±5%
6.3KVDC
1000

CT41-1
2μF ±5%
160V 86

纸介电容器外壳上标识有电容量、耐压值等参数信息。

特别提醒

在实际应用中，有一种金属化纸介电容器，该类电容器在涂有醋酸纤维漆的电容器纸上再蒸镀一层厚度为0.1μm的金属膜作为极板，然后用这种金属化的纸卷绕成芯子，端面喷金，装上引线并放入外壳内封装而成。

金属化纸介电容器比普通纸介电容器体积小，但其容量较大，且受高压击穿后具有自恢复能力，广泛应用于自动化仪表、自动控制装置及各种家用电器中，不适于高频电路中。

分立式瓷介电容器

贴片式瓷介电容器

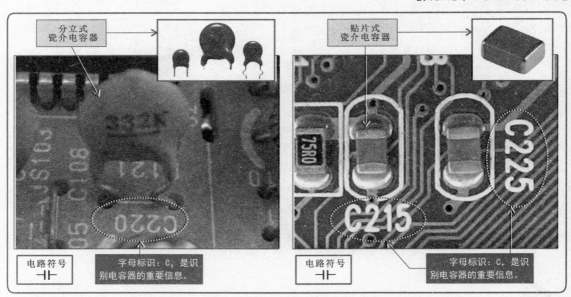

电路符号

字母标识：C，是识别电容器的重要信息。

电路符号

字母标识：C，是识别电容器的重要信息。

特别提醒

瓷介电容器按制作材料不同分为Ⅰ类和Ⅱ类瓷介电容器。Ⅰ类瓷介电容器高频性能好，广泛用于高频耦合、旁路、隔直流和振荡等电路中；Ⅱ类瓷介电容器性能较差，受温度的影响较大，一般适用于低压、直流和低频电路。

4. 云母电容器

云母电容器是以云母作为介质的电容器，它通常以金属箔为极板。这种电容器的电容量较小，只有几皮法（pF）至几微法（μF），但是具有可靠性高、频率特性好等优点，适用于高频电路。

【典型云母电容器的实物外形】

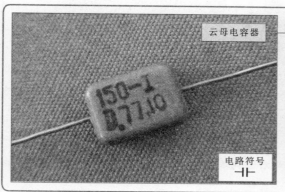

云母电容器

电路符号

5. 涤纶电容器

涤纶电容器是一种采用涤纶薄膜为介质的电容器，又可称为聚酯电容器。这种电容器的成本较低，耐热、耐压和耐潮湿的性能都很好，但是稳定性较差，适用于稳定性要求不高的电路中，如彩色电视机或收音机的耦合、隔直流等电路中。

【典型涤纶电容器的实物外形】

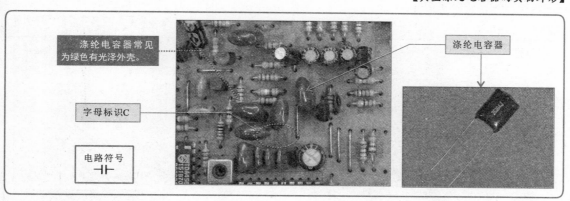

涤纶电容器常见为绿色有光泽外壳。

字母标识C

电路符号

涤纶电容器

6. 玻璃釉电容器

玻璃釉电容器使用的介质一般是玻璃釉粉压制的薄片，通过调整釉粉的比例，可以得到不同性能的玻璃釉电容器。

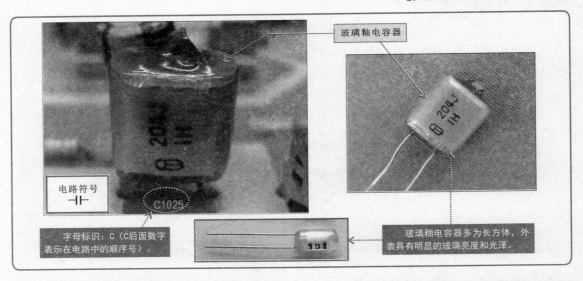

玻璃釉电容器

电路符号

字母标识：C（C后面数字表示在电路中的顺序号）。

玻璃釉电容器多为长方体，外表具有明显的玻璃亮度和光泽。

特别提醒

玻璃釉电容器的电容量一般为10～3300 pF，耐压值有40V和100 V两种，具有介电系数大、耐高温、抗潮湿性强和损耗低等特点。

介电系数又称介质系数（常数），或称电容率，是表示绝缘能力的一个系数，以字母ε表示。

7. 聚苯乙烯电容器

聚苯乙烯电容器是以非极性的聚苯乙烯薄膜为介质制成的电容器，其内部通常采用两层或三层薄膜与金属极板交叠绕制。这种电容器的成本低、损耗小、绝缘电阻高且电容量稳定，多应用于对电容量要求精确的电路中。

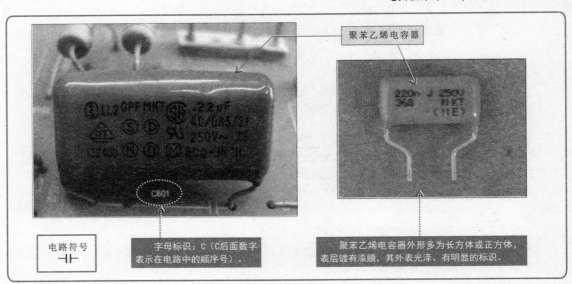

聚苯乙烯电容器

电路符号

字母标识：C（C后面数字表示在电路中的顺序号）。

聚苯乙烯电容器外形多为长方体或正方体，表层镀有漆膜，其外表光泽、有明显的标识。

　　电容器是一种可储存电能的元件（储存电荷），结构非常简单，主要是由两个互相靠近的导体，中间夹一层不导电的绝缘介质构成的。两块金属板相对平行放置，不相接触，就可构成一个最简单的电容器。电容器具有隔直流、通交流的特点，因为构成电容器的两块不相接触的平行金属板是绝缘的，所以直流电流不能通过电容器，而交流电流则可以通过电容器。

【电容器充、放电原理】

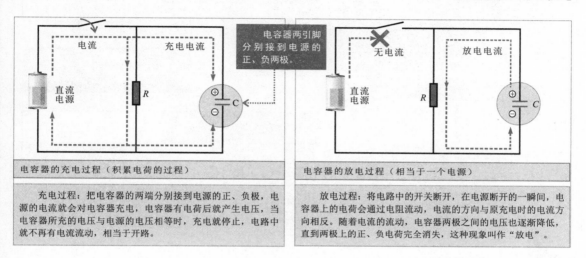

电容器的充电过程（积累电荷的过程）

　　充电过程：把电容器的两端分别接到电源的正、负极，电源的电流就会对电容器充电，电容器有电荷后就产生电压，当电容器所充的电压与电源的电压相等时，充电就停止，电路中就不再有电流流动，相当于开路。

电容器的放电过程（相当于一个电源）

　　放电过程：将电路中的开关断开，在电源断开的一瞬间，电容器上的电荷会通过电阻流动，电流的方向与原充电时的电流方向相反。随着电流的流动，电容器两极之间的电压也逐渐降低，直到两极上的正、负电荷完全消失，这种现象叫作"放电"。

【电容器的频率特性示意】

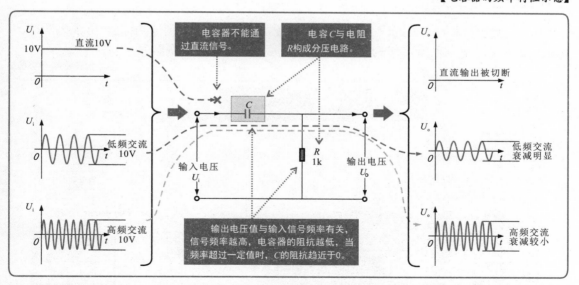

1. 电容器的滤波功能

电容器的滤波功能是指能够滤除杂波或干扰波的功能，是电容器最基本的功能之一。

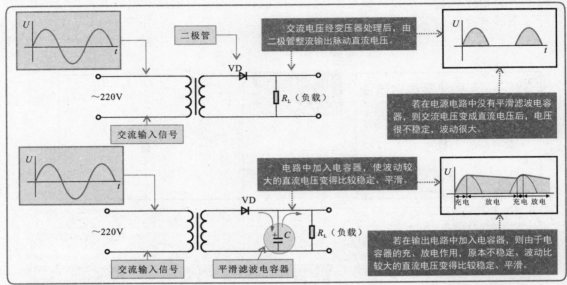

2. 电容器的耦合功能

电容器对交流信号阻抗较小，可视为通路，而对直流信号阻抗很大，可视为断路。因此，在放大器中电容器常作为交流信号的输入和输出耦合电路器件。

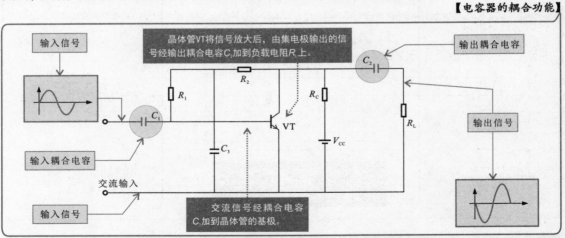

特别提醒

由图可知，由于电容器具有隔直流的作用，因此，放大器的交流输出信号可以经耦合电容器C_2送到负载R_L上，而直流电压不会加到负载R_L上。也就是说，从负载上得到的只是交流信号。

2.2 电容器的识别与选用

▶ 2.2.1 电容器的参数识读

识读电容器的参数是检测电容器之前的重要环节，主要包括电容器的电容量和相关参数及对电解电容器引脚极性的区分。

电容器标注参数通常采用直标法、数字标注法及色环标注法。不同标注表示的参数有所不同。

1. 直标法参数的识读

直标法是将一些代码符号标注在电容器的外壳上，通过不同的数字和字母表示其容量值及其他主要参数。根据我国国家标准规定，电容器型号标识由6部分构成。

【电容器的直标法】

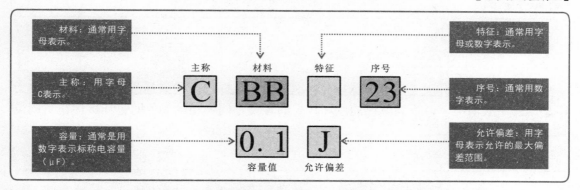

特别提醒

下表为电容器直标法中相关代码符号的含义。掌握这些符号对应的含义便可顺利识读采用直标法标注的电容器参数。

材料				允许偏差			
符号	含义	符号	含义	符号	含义	符号	含义
A	钽电解	N	铌电解	E	±0.005%	M	±20%
B	聚苯乙烯等非极性有机薄膜介质	O	玻璃膜介质	L	±0.01%	N	±30%
BB	聚丙烯	Q	漆膜介质	P	±0.02%	T	+50% −10%
C	1类陶瓷介质	C	3类陶瓷介质	W	±0.05%	Q	+30% −10%
D	铝电解	T	2类陶瓷介质	B	±0.1%	S	+50% −20%
E	其他材料电解	V	云母纸介质	C	±0.25%	Z	+80% −20%
G	合金电解	Y	云母介质	D	±0.5%		
H	复合介质	Z	纸介介质	F	±1%		
I	玻璃釉介质			G	±2%		
J	金属化纸介质			J	±5%		
L	聚酯等极性有机薄膜介质			K	±10%		

2. 数字标注法参数的识读

数字标注法是指使用数字或数字与字母相结合的方式标注电容器的主要参数值。

【电容器的数字标注法】

标称值第一位和第二位有效数字为1和0。

倍乘数，若该数为4，则倍乘数为10^4。

需要注意的是，若第三位是数字9，则表示倍乘数为10^{-1}pF，而不是10^9，如 339 表示 $33×10^{-1}$pF=3.3pF。

标 称 电 容 量 为 $10×10^4$pF=100000pF=0.1μF，允许偏差为+80%、-20%。

有效数字　有效数字　倍乘数　允许偏差

1　0　4　Z

允许偏差Z：+80%、-20%。

特别提醒

电容器的数字标注法与电阻器的直接标注法相似。其中，前两位数字为有效数字，第三位数字为倍乘数，后面的字母为允许偏差，默认单位为pF。

---

3. 色环标注法参数的识读

色环电容器因外壳上的色环标注而得名。这些色环通过不同颜色标注电容器的参数信息。在一般情况下，不同颜色的色环代表的含义不同，相同颜色的色环标注在不同位置上其含义也不同。

【电容器的色环标注法】

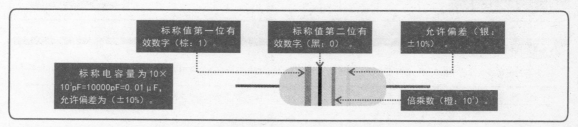

标称值第一位有效数字（棕：1）。

标称值第二位有效数字（黑：0）。

允许偏差（银：±10%）。

标 称 电 容 量 为 $10×10^3$pF=10000pF=0.01μF，允许偏差为（±10%）。

倍乘数（橙：10^3）。

特别提醒

电容器在电路中用字母"C"表示。电容量的单位是"法拉"，简称"法"，用字母"F"表示。但在实际中使用更多的是"微法"（用"μF"表示）、"纳法"（用"nF"表示）或皮法（用"pF"表示）。它们之间的换算关系是：$1F=10^6μF=10^9nF=10^{12}pF$。电容器的主要参数有标称容量（电容量）、允许偏差、额定工作电压、绝缘电阻、温度系数及频率特性。

◇电容器的标称电容量是指加上电压后其储存电荷能力的大小，在相同电压下，储存电荷越多，则电容量越大。

◇电容器的实际容量与标称容量存在一定偏差。二者之间允许的最大偏差范围被称为电容量的允许偏差。电容器的允许偏差可以分为3个等级：I级，即偏差±5%以下的电容器；II级，即偏差±5%～±10%的电容器；III级，即偏差在±20%以上的电容器。

◇额定电压指电容器在规定的温度范围内，能够连续可靠工作的最高电压，有时又分为额定直流工作电压和额定交流工作电压（有效值）。额定电压是一个参考数值，在实际使用中，如果工作电压大于电容器的额定电压，电容器就易损坏，呈被击穿状态。

◇电容器的绝缘电阻等于加在电容器两端的电压与通过电容器漏电流的比值，与电容器的介质材料和面积、引线的材料和长短、制造工艺、温度和湿度等因素有关。对于同一种介质的电容器，电容量越大，绝缘电阻越小。如果是电解电容器，则常通过介电系数来表示电容器的绝缘能力特性。

通常，电容器的表面都会标注有多行字母或数字信息，识读时，需要根据前面所学的知识从这些信息中找到电容器的各种参数。

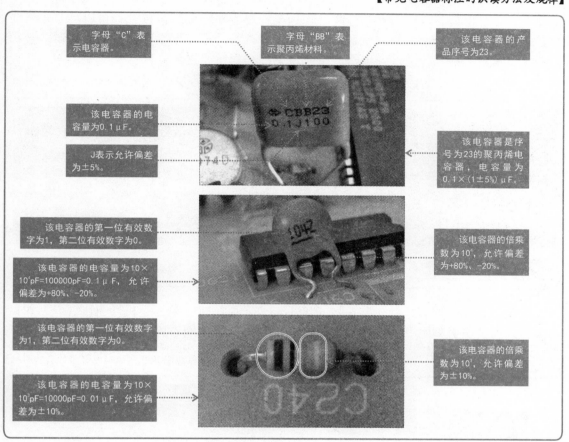

字母"C"表示电容器。

字母"BB"表示聚丙烯材料。

该电容器的产品序号为23。

该电容器的电容量为0.1μF。

J表示允许偏差为±5%。

该电容器是序号为23的聚丙烯电容器，电容量为0.1×（1±5%）μF。

该电容器的第一位有效数字为1，第二位有效数字为0。

该电容器的电容量为10×10⁴pF=100000pF=0.1μF，允许偏差为+80%、-20%。

该电容器的倍乘数为10⁴，允许偏差为+80%、-20%。

该电容器的第一位有效数字为1，第二位有效数字为0。

该电容器的电容量为10×10³pF=10000pF=0.01μF，允许偏差为±10%。

该电容器的倍乘数为10³，允许偏差为±10%。

特别提醒

有些电容器的参数采用直接标注法，在外壳上标注出电容量、额定工作电压、允许偏差值等参数，直接根据标注识读即可。

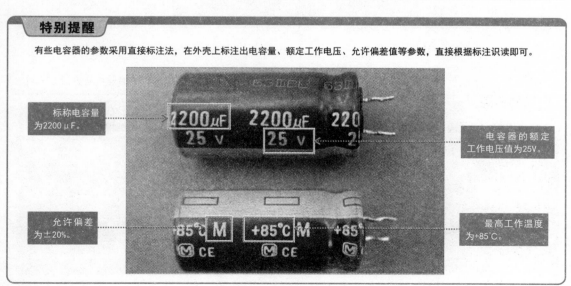

标称电容量为2200μF。

电容器的额定工作电压值为25V。

允许偏差为±20%。

最高工作温度为+85℃。

电解电容器由于有明确的正、负极引脚之分,因此大多电解电容器上除了标注相关参数外,还对引脚的极性进行了标注。识别电解电容器的引脚极性一般可以从三个方面入手:一种是根据外壳上的颜色或符号标识区分;另一种是根据电容器引脚长短或外部明显标识区分;第三种是根据电路板符号或电路图形符号区分。

【电解电容器引脚极性标识】

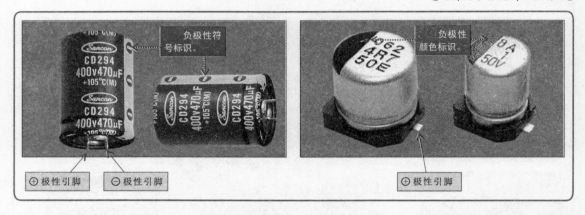

电解电容器在安装之前,其引脚长度不一致,引脚较长的为正极性引脚。有些电解电容器在正极性引脚附近会有明显的缺口,很容易就可识别引脚极性。

【根据引脚长短识别电容器的引脚极性】

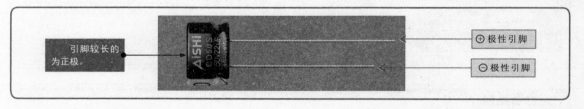

若电解电容器安装在电路板上,则在附近通常会印有极性符号或电路符号,可以很容易根据该符号标识区分出引脚极性。

【根据电路板识别引脚极性】

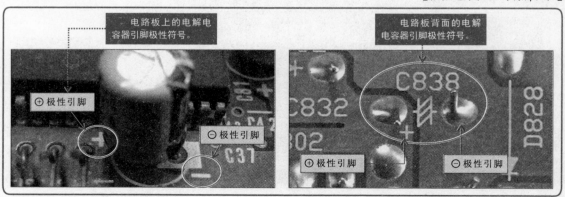

▶ 2.2.2 电容器的选用代换

　　若检测时发现电容器有损坏，则应对其进行代换。代换电容器时，要遵循基本的代换原则。

　　电容器的代换原则就是在代换之前，要保证代换电容器规格符合要求，在代换过程中，注意安全可靠，防止二次故障，力求代换后的电容器能够良好、长久、稳定地工作。

　　代换不同类型的电容器时，基本原则有所不同，下面具体介绍一下普通电容器、电解电容器及可变电容器的代换原则和方法。

1. 普通电容器的选用与代换

　　在代换普通电容器时，应尽可能选用同型号的电容器，若无法找到同型号的电容器，则代换电容器的标称容量要与所需电容器容量相差越小越好，所选用电容器的额定电压应是实际工作电压的1.2～1.3倍。

【普通电容器的选用与代换实例】

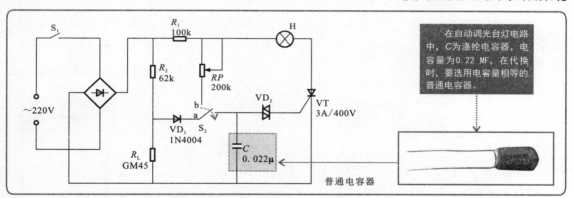

普通电容器

在自动调光台灯电路中，C为涤纶电容器，电容量为0.22 MF，在代换时，要选用电容量相等的普通电容器。

> **特别提醒**
>
> 　　普通电容器的代换原则除以上几点外，还应注意电容器在电路中实际要承受的电压不能超过耐压值，优先选用绝缘电阻大、介质损耗小且漏电电流小的电容器。在低频耦合及去耦合电路中，按计算值选用稍大一些容量的电容器，还要根据不同的工作环境选择。高温环境下工作的电容器应选用具有耐高温特性的电容器；潮湿环境中的电容器应选用抗湿性好的密封电容器；低温条件下应选用耐寒的电容器。所选电容器的体积、形状及引脚尺寸应符合电路设计要求。

2. 电解电容器的选用与代换

　　在代换电解电容器时，基本原则与普通电容器的代换原则一致。

　　除此之外，还应注意尽量选用耐高温电解电容器；在一些滤波网络中，电解电容器的容量要求非常精确，偏差应不超过±0.3 %～±0.5 %；分频电路、S校正电路、振荡回路及延时回路中的电容量应与计算值一致，尽量选用耐高温电解电容器。

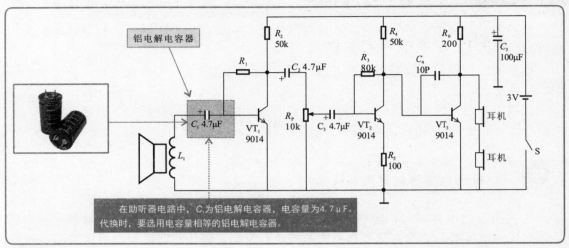

铝电解电容器

C_1 4.7μF

R_1

R_2 50k

C_2 4.7μF

R_3 80k

R_4 50k

C_4 10P

R_6 200

C_5 100μF

VT$_1$ 9014

R_P 10k

C_3 4.7μF

VT$_2$ 9014

VT$_3$ 9014

R_5 100

L_1

3V

耳机

耳机

S

在助听器电路中，C_1为铝电解电容器，电容量为4.7μF。代换时，要选用电容量相等的铝电解电容器。

 3. 可变电容器的选用与代换

在代换可变电容器时，除基本原则与其他电阻的代换原则一致以外，其电压值应符合要求。

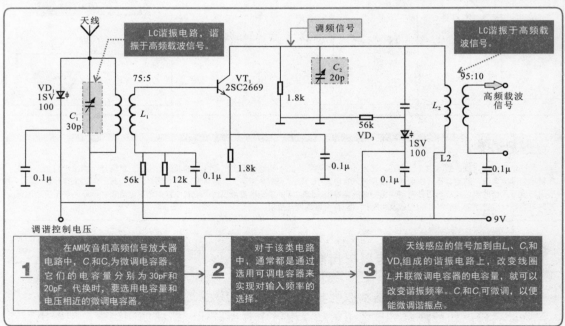

天线

LC谐振电路，谐振于高频载波信号。

调频信号

LC谐振于高频载波信号。

VD$_1$ 1SV 100

C_1 30p

75:5

L_1

VT$_1$ 2SC2669

1.8k

C_2 20p

56k VD$_3$

95:10

L_2

高频载波信号

0.1μ

56k

12k

0.1μ

1.8k

0.1μ

1SV 100 L2

0.1μ

0.1μ

调谐控制电压

9V

1 在AM收音机高频信号放大器电路中，C_1和C_2为微调电容器。它们的电容量分别为30pF和20pF。代换时，要选用电容量和电压相近的微调电容器。

2 对于该类电路中，通常都是通过选用可调电容器来实现对输入频率的选择。

3 天线感应的信号加到由L_1、C_1和VD$_1$组成的谐振电路上，改变线圈L_1并联微调电容器的电容量，就可以改变谐振频率。C_1和C_2可微调，以便能微调谐振点。

特别提醒

可变电容器的代换原则除以上几点外，还应注意其介质材料。所选用电容器的额定电压应是实际工作电压的1.2～1.3倍,同样优先选用绝缘电阻大、介质损耗小、漏电电流小的电容器。不同环境下的类型选择标准参见P35特别提醒。

2.3.1 普通电容器的检测方法

　　检测普通电容器时，可先根据待测电容器的标识信息识读出标称电容量，然后使用万用表对其实际电容量进行测量，最后将实际测量值与标称值进行比较，从而判别出普通电容器的好坏。

【普通电容器电容量的检测方法】

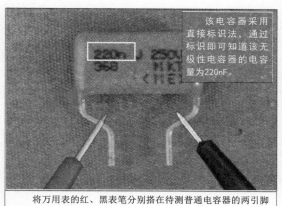

该电容器采用直接标识法，通过标识即可知道该无极性电容器的电容量为220nF。

将万用表的红、黑表笔分别搭在待测普通电容器的两引脚上。

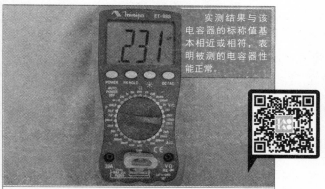

实测结果与该电容器的标称值基本相近或相符，表明被测的电容器性能正常。

读取实测普通电容器的电容量为0.231μF，根据单位换算公式$1μF=1×10^3 nF$，即$0.231×10^3=231nF$。

　　有时用数字式万用表检测普通电容器的电容量时，需要配合使用附加测试器来完成测量。

【使用附加测试器检测普通电容器电容量的方法】

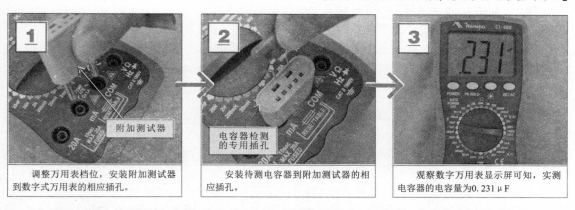

1 调整万用表档位，安装附加测试器到数字式万用表的相应插孔。

附加测试器

2 安装待测电容器到附加测试器的相应插孔。

电容器检测的专用插孔

3 观察数字万用表显示屏可知，实测电容器的电容量为0.231μF

　　如果需要精确测量电容器的电容量（万用表只能粗略测量），则需使用专用的"电感/电容测量仪"。

特别提醒

　　若所测电容器的实际电容量值等于或接近标称容量，则可断定该电容器正常；若所测电容量数值与标称值严重不符，则说明该电容器已经损坏。

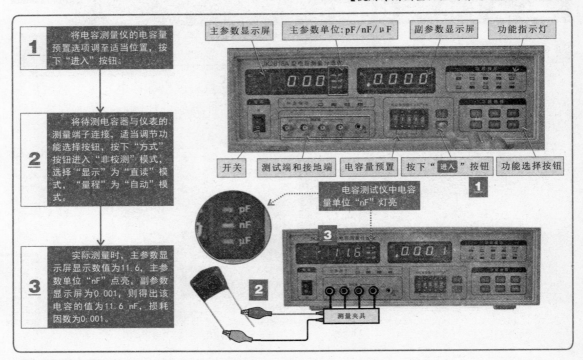

1 将电容测量仪的电容量预置选项调至当位置，按下"进入"按钮。

2 将待测电容器与仪表的测量端子连接，适当调节功能选择按钮，按下"方式"按钮进入"非校测"模式，选择"显示"为"直读"模式，"量程"为"自动"模式。

3 实际测量时，主参数显示屏显示数值为11.6，主参数单位"nF"点亮，副参数显示屏为0.001，则得出该电容的值为11.6 nF，损耗因数为0.001。

主参数显示屏　　主参数单位：pF/nF/μF　　副参数显示屏　　功能指示灯

开关　　测试端和接地端　　电容量预置　　按下"进入"按钮　　功能选择按钮

电容测试仪中电容量单位"nF"灯亮

测量夹具

2.3.2　电解电容器的检测方法

检测电解电容时有两种方法：一是通过数字万用表检测待测电解电容器的电容量；二是使用指针式万用表检测待测电解电容器的充、放电过程。

1.用数字万用表检测电解电容器

电解电容器电容量的检测法与普通电容器电容量的检测方法相同，即借助具有电容量测量功能的数字万用表直接测量其电容量。

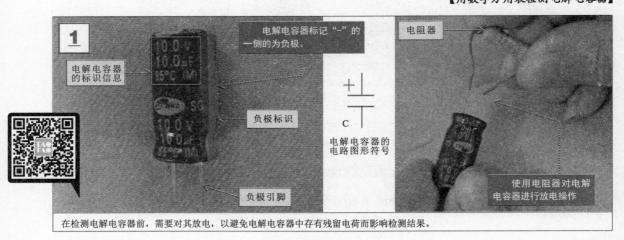

电解电容器标记"–"的一侧的为负极。

电阻器

电解电容器的标识信息

负极标识

电解电容器的电路图形符号

负极引脚

使用电阻器对电解电容器进行放电操作

在检测电解电容器前，需要对其放电，以避免电解电容器中存有残留电荷而影响检测结果。

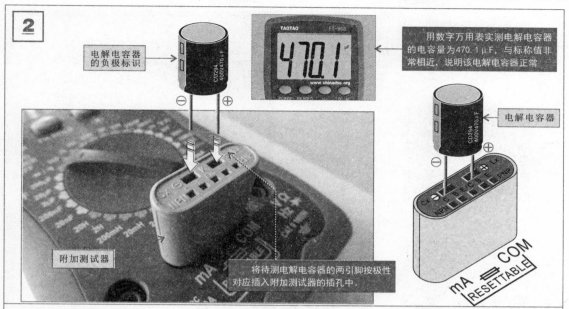

2

电解电容器的负极标识

用数字万用表实测电解电容器的电容量为470.1μF，与标称值非常相近，说明该电解电容器正常

电解电容器

将待测电解电容器的两引脚按极性对应插入附加测试器的插孔中。

附加测试器

使用数字万用表的附加测试器检测电解电容器时，一定要注意电解电容器两引脚的极性，即正极性引脚要插入"正极性"插孔中，负极性引脚要对应插入"负极性"插孔中，不可插反。当电解电容器通过附加测试器正确插入到数字万用表后，识读数字万用表显示屏上显示的数值，该数值即为所测电解电容器的电容量。

特别提醒

电解电容器的放电操作主要针对大容量电解电容器。由于大容量电解电容器在工作中可能会携带很多电荷，如果短路会产生很强的电流，为防止损坏万用表或引发电击事故，应先用电阻对其放电，再进行检测。检测时，若大电解电容器未经过放电处理，则会造成电击事故。

电击引发的火花

待测电解电容器

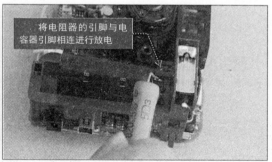

将电阻器的引脚与电容器引脚相连进行放电

对大容量电解电容器放电可选用阻值较小的电阻，将其引脚与电解电容器的引脚相连即可。

通常情况下，电解电容器的工作电压在200V以上，即使电容量比较小也需要放电，如60μF/200V的电容器，电容量较小，但其工作电压为200V，则也属于大容量电容器。在实际应用中，常见的大容量电容器1000μF/50V、60μF/400V、300μF/50V、60μF/200V等均为大容量电解电容器。

 2.用指针万用表检测电解电容器

检测电解电容器时，除了使用数字万用表检测电容量是否正常外，还可以使用指针万用表检测其充、放电过程，也可以判断被测电解电容器是否正常。

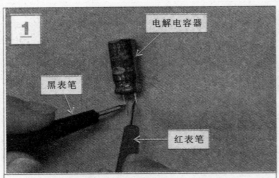

将万用表的黑表笔搭在电解电容器的正极引脚端，红表笔搭在负极引脚端，检测正向直流电阻（漏电电阻）。

在刚接通的瞬间，万用表的指针会向右（电阻小的方向）摆动一个较大的角度。当表针摆动到最大角度后，接着又会逐渐向左摆回，直至停止在一个固定位置。

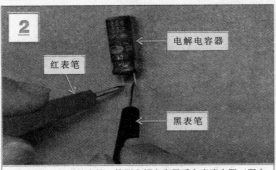

调换万用表的表笔，检测电解电容器反向直流电阻（漏电电阻）。

观察指针万用表表盘的指示状态可知，在正常情况下，反向漏电电阻小于正向漏电电阻。

特别提醒

检测电解电容器的正向直流电阻时，指针式万用表的指针摆动速度较快，因此检测时应当注意观察。若万用表的指针没有摆动，则表明该电解电容器失去了电容量。

特别提醒

通常，在检测电解电容器的直流电阻时，会遇到几种不同的检测结果，通过这些检测结果可以大致判断电解电容器的损坏原因。

指针最大摆动幅度与最终指示位置间的角度小。

指针无摆动，阻值趋于0Ω。

指针无摆动，阻值趋于无穷大。

漏电电流大　　　　　　击穿短路　　　　　　断路

使用万用表检测时，若表笔接触到电解电容器的引脚后，表针摆动到一个角度后随即向回稍微摆动一点，即未摆回到较大阻值的位置，则可以说明该电解电容器漏电严重。

若万用表的表笔接触到电解电容器的引脚后，表针即向右摆动，并无回摆现象，即指针指示一个很小的阻值或阻值趋近于0Ω，则说明当前所测电解电容器已被击穿短路。

若万用表的表笔接触到电解电容器的引脚后，表针并未摆动，仍指示阻值很大或趋于无穷大，则说明该电解电容器中的电解质已干涸，失去电容量。

检测可变电容器时，一般用万用表检测其动片与定片之间的阻值，通过阻值即可判断可变电容器是否正常。

【可变电容器的检测方法】

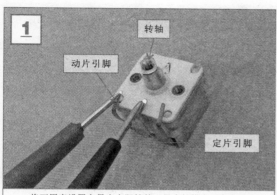

将万用表设置在最大电阻档的一只表笔搭在可变电容器的定片引脚上，另一只表笔搭在动片引脚上。

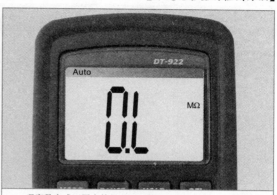

观察数字式万用表的显示屏示数，在正常情况下，检测的阻值应为无穷大。

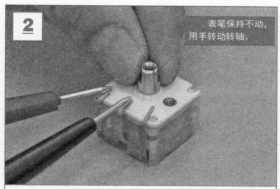

保持万用表的表笔位置不动，用手转动转轴，检测可变电容器直流电阻值的变化。

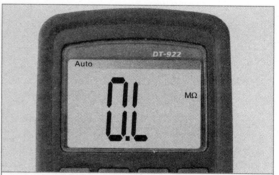

若转轴转动到某一角度，万用表测得的阻值很小或为0Ω，则说明该可变电容器有短路情况，很有可能是动片与定片之间存在接触或电容器膜片存在严重磨损。

特别提醒

检测可变电容器时，除了对其引脚间的阻值进行检测外，还可以进行机械检测，如检查可变电容器在转动转轴时，是否感觉转轴与动片引脚之间应有一定的黏合性，不应有松脱或转动不灵的情况。

用手旋转可变电容器的转轴。

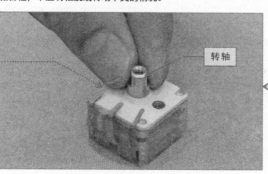

若无法转动可变电容器的转轴或旋转不灵，则可能该电容器内部机械部件损坏。

第3章
电感器的检测

3.1 电感器的种类和功能特点

▶ 3.1.1 电感器的种类特点

电感器也称"电感元件",属于一种储能元件,它可以把电能转换成磁能并储存起来。

电感器的种类繁多,分类方式也多种多样,其中比较常见的电感器有:色环电感器、色码电感器、电感线圈、贴片电感器和微调电感器几种。

 1. 色环电感器

色环电感器是一种具有磁心的线圈,它是将线圈绕制在软磁性铁氧体的基体上,再用环氧树脂或塑料封装而成的,在其外壳上标以色环表明电感量的数值。

【常见色环电感器的实物外形】

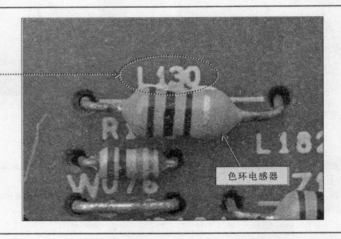

字母标识为:
L(即在电路板或电路图中的代表字母)。

色环电感器

电路符号

特别提醒

色环电感器属于小型电感量固定的高频电感器,工作频率一般为10kHz~200MHz,电感量一般为0.1~33000μH。

 2. 色码电感器

色码电感器是指通过色码标识电感器电感量参数信息的一类电感器,它与色环电感器相同,都属于小型的固定电感器,功能及特性也基本相同。

【典型色码电感器的实物外形】

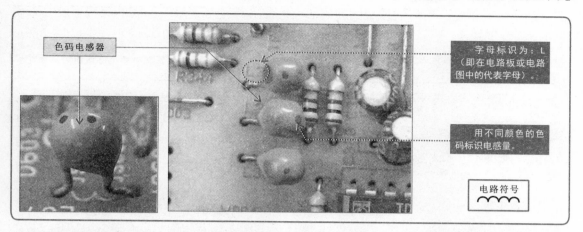

色码电感器

字母标识为：L
（即在电路板或电路
图中的代表字母）。

用不同颜色的色
码标识电感量。

电路符号

 特别提醒

通常，色环电感器体积小巧，性能比较稳定。广泛应用于彩色电视机、收音机等电子设备中的滤波、陷波、扼流及延迟线等电路中。

3. 电感线圈

电感线圈是一种常见的电感器，因其能够直接看到线圈的数量和紧密程度而得名。目前，常见的电感线圈主要有空心电感线圈、磁棒电感线圈、磁环电感线圈等。

空心电感线圈没有磁心，通常线圈绕制的匝数较少，电感量小，常用在高频电路中，如电视机的高频调谐器。

【空心电感线圈的实物外形】

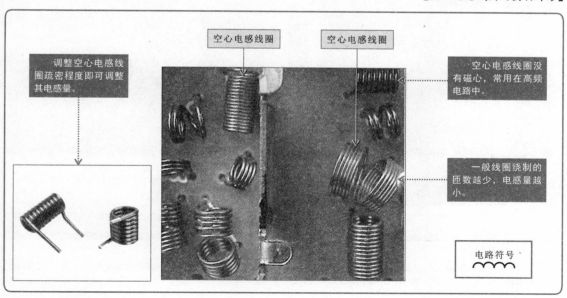

调整空心电感线圈疏密程度即可调整其电感量。

空心电感线圈

空心电感线圈

空心电感线圈没有磁心，常用在高频电路中。

一般线圈绕制的匝数越少，电感量越小。

电路符号

磁棒电感线圈（磁心电感器）是一种在磁棒上绕制了线圈的电感元件。这使得线圈的电感量大大增加。可以通过线圈在磁心上的左右移动（调整线圈间的疏密程度）来调整电感量的大小。

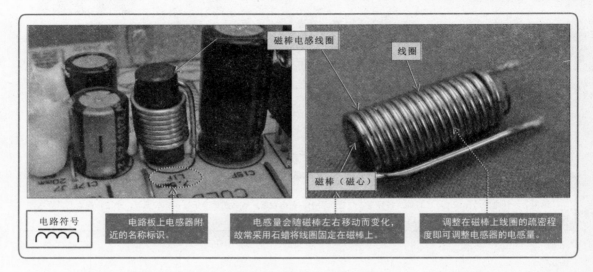

磁棒电感线圈

线圈

磁棒（磁心）

| 电路符号 | 电路板上电感器附近的名称标识。 | 电感量会随磁棒左右移动而变化，故常采用石蜡将线圈固定在磁棒上。 | 调整在磁棒上线圈的疏密程度即可调整电感器的电感量。 |

　　磁环电感线圈的基本结构是在铁氧体磁环上绕制线圈。通常，磁环的存在大大增加了线圈电感的稳定性。磁环的大小、形状、铜线的多种绕制方法都对线圈的电感量有决定性影响。改变线圈的形状和相对位置也可以微调电感量。

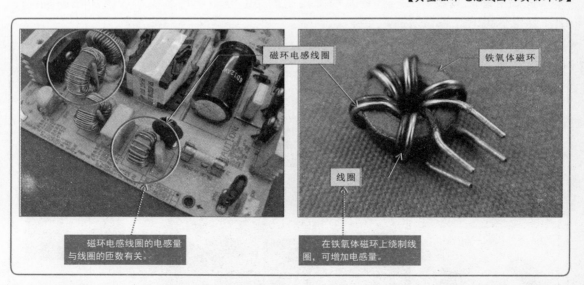

磁环电感线圈

铁氧体磁环

线圈

| 磁环电感线圈的电感量与线圈的匝数有关。 | 在铁氧体磁环上绕制线圈，可增加电感量。 |

特别提醒

　　电感线圈通常不直接标识电感量等参数信息，但一般来说线圈绕制匝数越多、排列越紧密，表明其电感量越大。另外，电感线圈属于电感量可变的一类电感器，通过改变线圈绕制匝数和稀疏程度即可改变其电感量。

4. 贴片电感器

贴片电感器是指采用表面贴装方式安装在电路板上的一类电感器。其功能及特性与常见的色环、色码电感器相同，一般应用于体积小、集成度高的数码类电子产品中。由于工作频率、工作电流、屏蔽要求各不相同，电感线圈的绕组匝数、骨架材料、外形尺寸区别很大，因此，在电子产品的电路板上可以看到各种各样的贴片式电感器。

【贴片电感器的实物外形】

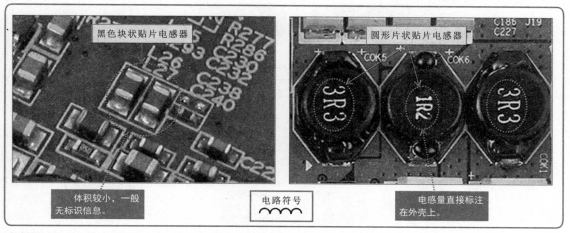

黑色块状贴片电感器

圆形片状贴片电感器

体积较小，一般无标识信息。

电路符号

电感量直接标注在外壳上。

5. 微调电感器

微调电感器就是可以对电感量进行细微调整的电感器。该类电感器一般设有屏蔽外壳，磁心上设有条形槽口以便调整。

【常见微调电感器的实物外形】

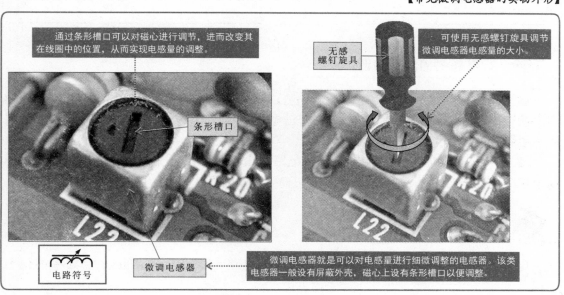

通过条形槽口可以对磁心进行调节，进而改变其在线圈中的位置，从而实现电感量的调整。

条形槽口

无感螺钉旋具

可使用无感螺钉旋具调节微调电感器电感量的大小。

电路符号

微调电感器

微调电感器就是可以对电感量进行细微调整的电感器。该类电感器一般设有屏蔽外壳，磁心上设有条形槽口以便调整。

电感器就是将导线绕制成线圈形状，当电流流过时，在线圈（电感）两端就会形成较强的磁场。由于电磁感应的作用，会对电流的变化起阻碍作用。因此，电感器对直流呈现很小的阻抗（近似于短路），对交流信号呈现的阻抗较高，其阻值的大小与所通过信号的频率有关。同一电感元件，通过交流电流的频率越高，呈现的阻值越大。

【电感器的基本工作特性示意】

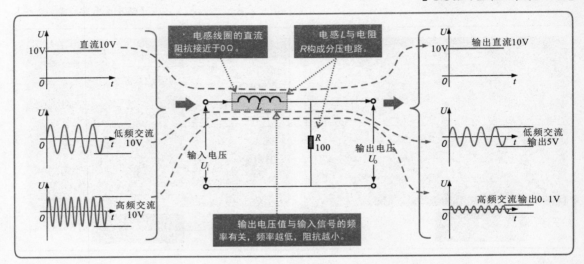

特别提醒

电感器的两个重要特性：

1）电感器对直流信号呈现很小的阻抗（近似于短路），对交流信号呈现的阻抗与信号频率成正比，频率越高，电感器呈现的阻抗越大；电感器的电感量越大，对交流信号的阻抗越大。

2）电感器具有阻止电流变化的特性，即流过电感器的电流不会发生突变，由于这一特性，在电子产品中电感器常作为滤波线圈、谐振线圈等。

 1. 电感器的滤波功能

由于电感器可对脉动电流产生反电动势，对交流信号阻抗很大，如果将较大的电感器串接在整流电路中，就可使电路中的交流电压阻隔在电感上，滞留部分则从电感线圈流到电容器上，起到滤除交流的作用。

通常，电感器与电容器构成LC滤波电路，由电感器阻隔交流，电容器则将直流脉动电压阻隔在电容器外，继而使LC电路起到平滑滤波的作用。

 2. 电感器的谐振功能

电感器还可以与电容器并联构成LC谐振电路，主要用来阻止一定频率的信号干扰。

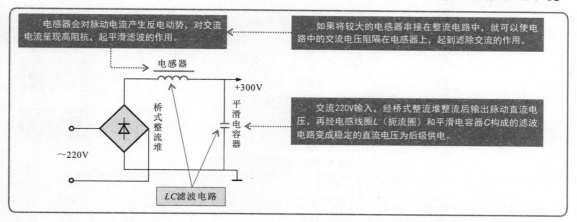

电感器会对脉动电流产生反电动势，对交流电流呈现高阻抗，起平滑滤波的作用。

如果将较大的电感器串接在整流电路中，就可以使电路中的交流电压阻隔在电感器上，起到滤除交流的作用。

交流220V输入，经桥式整流堆整流后输出脉动直流电压，再经电感线圈L（扼流圈）和平滑电容器C构成的滤波电路变成稳定的直流电压为后级供电。

电感器

+300V

桥式整流堆

~220V

平滑电容器

LC滤波电路

【电感器谐振功能示意】

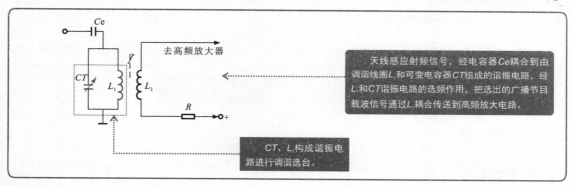

去高频放大器

天线感应射频信号，经电容器Ce耦合到由调谐线圈L_1和可变电容器CT组成的谐振电路，经L_1和CT谐振电路的选频作用，把选出的广播节目载波信号通过L_2耦合传送到高频放大电路。

CT、L_1构成谐振电路进行调谐选台。

　　电感器对交流信号的阻抗随信号频率的升高而变大，而电容器的阻抗随信号频率的升高而变小。因此，电感器和电容器构成的LC并联谐振电路有一个固有谐振频率，即共谐频率。在该频率下，LC并联谐振电路呈现的阻抗最大。利用这种特性可以制成阻波电路，也可制成选频电路。

【LC并联谐振电路构成阻波电路】

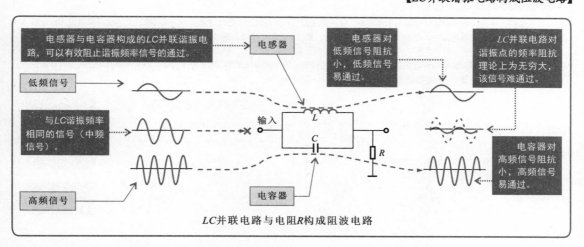

电感器与电容器构成的LC并联谐振电路，可以有效阻止谐振频率信号的通过。

电感器对低频信号阻抗小，低频信号易通过。

LC并联电路对谐振点的频率阻抗理论上为无穷大，该信号难通过。

电感器

低频信号

与LC谐振频率相同的信号（中频信号）。

输入

高频信号

电容器

电容器对高频信号阻抗小；高频信号易通过。

LC并联电路与电阻R构成阻波电路

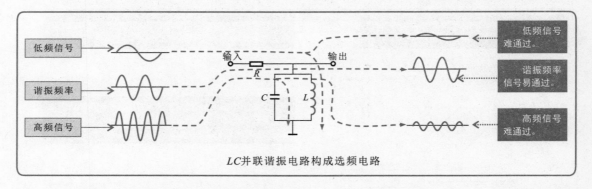

LC并联谐振电路构成选频电路

电感器与电容器并联能起到谐振作用，阻止谐振频率信号输入，若将电感器与电容器串联，则可构成串联谐振电路。该电路可简单理解为与LC并联电路相反。LC串联电路对谐振频率信号的阻抗几乎为0，阻抗最小，可实现选频功能。电感器和电容器的参数值不同，可选择的频率也不同。

【电感器与电容器串联后构成谐振电路】

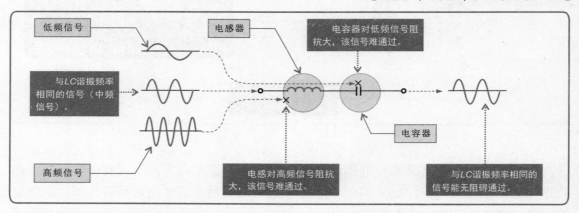

特别提醒

可以看到，当输入信号经过LC串联谐振电路时，频率较高的信号因阻抗大而难通过电感器，而频率较低的信号因阻抗大也难通过电容器。在LC串联谐振电路中，在谐振频率f_0处阻抗最小，此频率的信号很容易通过电容器和电感器输出。此时，LC串联谐振电路起到选频作用。

LC串联电路对低频和高频信号阻抗都比较高，因而较高和较低频率的信号都可正常通过该电路。当与谐振频率相同的信号通过时，LC串联电路的阻抗很小，被短路到地，使输出信号很小，起陷波作用。

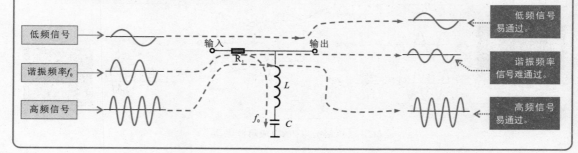

3.2 电感器的识别与选用

 3.2.1 电感器的参数识读

电感器的参数主要有电感量、允许偏差、额定工作电压、绝缘电阻、温度系数及频率特性等参数，分别通过不同标注形式标注在电感器上。电感器常见的标注方法有色环标注法、色码标注法和直接标注法。

■ **1. 色环标注法的参数识读**

色环电感器因其外壳上的色环标注而得名。这些色环通过不同颜色标注电感器的参数信息。在一般情况下，不同颜色的色环代表的含义不同，相同颜色的色环标注在不同位置上其含义也不同。

【采用色环标注法的电感器】

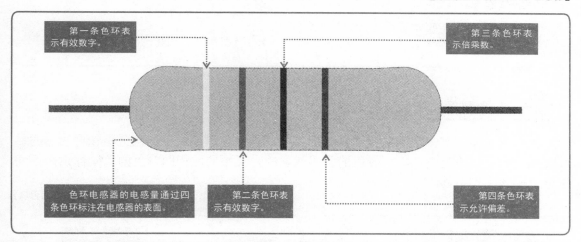

- 第一条色环表示有效数字。
- 第三条色环表示倍乘数。
- 色环电感器的电感量通过四条色环标注在电感器的表面。
- 第二条色环表示有效数字。
- 第四条色环表示允许偏差。

特别提醒

第一条色环和第二条色环表示有效数字，不同颜色的色环代表的数字不同；第三条色环的倍乘数表示有效数字后0的个数（以10为单位的倍乘数），不同颜色的色环代表的倍乘数不同；第四条色环表示电感器允许与标称电感量的偏差值，不同颜色的色环代表的允许偏差值不同。

色环颜色	色环所处的排列位			色环颜色	色环所处的排列位		
	有效数字	倍乘数	允许偏差		有效数字	倍乘数	允许偏差
银色	—	10^{-2}	±10%	绿色	5	10^5	±0.5%
金色	—	10^{-1}	±5%	蓝色	6	10^6	±0.25%
黑色	0	10^0	—	紫色	7	10^7	±0.1%
棕色	1	10^1	±1%	灰色	8	10^8	±0.05%
红色	2	10^2	±2%	白色	9	10^9	—
橙色	3	10^3	—	无色	—	—	±20%
黄色	4	10^4					

在电子产品电路板中，可根据不同颜色的不同含义识读色环电感器参数。

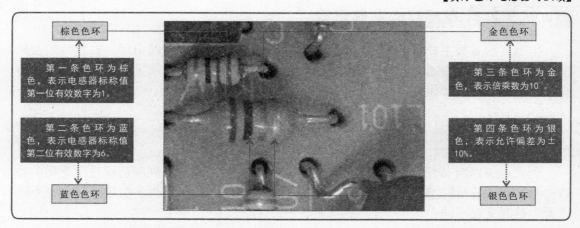

棕色色环		金色色环
第一条色环为棕色，表示电感器标称值第一位有效数字为1。		第三条色环为金色，表示倍乘数为10^{-1}。
第二条色环为蓝色，表示电感器标称值第二位有效数字为6。		第四条色环为银色，表示允许偏差为±10%。
蓝色色环		银色色环

特别提醒

该色环电感器上标识的色环颜色依次为"棕蓝金银"。

因此，该电感器的电感量为$16 \times 10^{-1} \mu H \pm 10\% = 1.6 \mu H \pm 10\%$（识读电感器的电感量时，在未明确标注电感量的单位时，默认为μH）。

 2.色码标注法参数的识读

色码电感器因其外壳上的色码标识而得名。这些色码通过不同颜色标识电感器的参数信息。在一般情况下，不同颜色的色码代表的含义不同，相同颜色的色码标识在不同位置上其含义也不同。

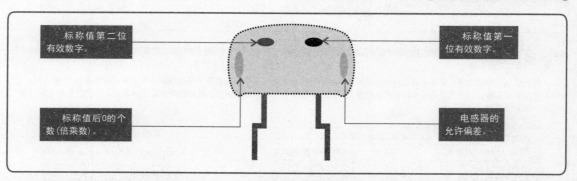

标称值第二位有效数字。		标称值第一位有效数字。
标称值后0的个数（倍乘数）。		电感器的允许偏差。

特别提醒

色码电感器左侧面的色码表示电感量的倍乘数；顶部左侧的色码表示电感量的第二位有效数字；顶部右侧的色码表示电感量的第一位有效数字；色码电感器右侧面的色码表示电感量的允许偏差。

一般来说，由于色码电感器从外形上没有明显的正、反面区分，因此区分左、右侧面可根据电路板中的文字标识进行区分，文字标识为正方向时，对应色码电感器的左侧为其左侧面。另外，由于色码的几种颜色中，无色通常不代表有效数字和倍乘数，因此色码电感器出现无色的一侧为右侧面。

通过前文的学习，了解了色码电感器的识读方法，接下来在电路板中找到色码电感器，完成对该类电感器的识读。

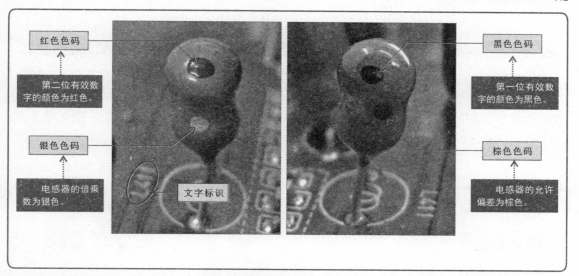

红色色码 — 第二位有效数字的颜色为红色。

银色色码 — 电感器的倍乘数为银色。

文字标识

黑色色码 — 第一位有效数字的颜色为黑色。

棕色色码 — 电感器的允许偏差为棕色。

 特别提醒

电感器顶部标识色码颜色从右向左依次为"黑、红"，分别表示第一位、第二位有效数字"0、2"，左侧面色码颜色为"银"，表示倍乘数为10^{-2}，右侧面色码颜色为"棕"，表示允许偏差为±1%。因此，该电感器的电感量为$2 \times 10^{-2} \mu H \pm 1\% = 0.02 \mu H \pm 1\%$（识读电感器的电感量时，在未标注电感量的单位时，默认为μH）。

在色码电感器电路板上有文字标注为"L411"。其中，字母"L"侧为起始侧，因此判断色码电感器红、银色码的一侧为左侧端，识读时可根据该标注判别。

3. 直接标注法的参数识读

直接标注是指通过一些代码符号将电感器的电感量等参数直接标注在电感器上。通常，电感器直接标注采用的是简略方式，即只标注出重要的信息，而不是将所有信息都标注出来。该类标注法通常有三种形式：普通直接标注法、数字标注法和数字字符标注法。

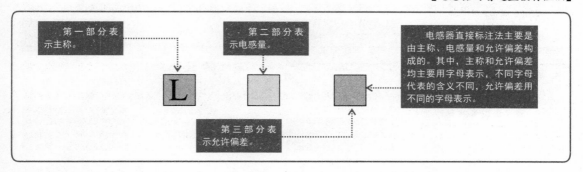

第一部分表示主称。

第二部分表示电感量。

第三部分表示允许偏差。

电感器直接标注法主要是由主称、电感量和允许偏差构成的。其中，主称和允许偏差均主要用字母表示，不同字母代表的含义不同，允许偏差用不同的字母表示。

L

主称		允许偏差			
符号	含义	符号	含义	符号	含义
L	线圈	J	±5%	M	±20%
ZL	阻流圈	K	±10%	L	±15%

在数字标注法标识中，第一个数字表示电感量的第一位有效数字；第二个数字表示电感量的第二位有效数字；第三个被乘数，表示有效数字后面零的个数，默认单位为"微亨"（μH）。

【电感器的数字标注法】

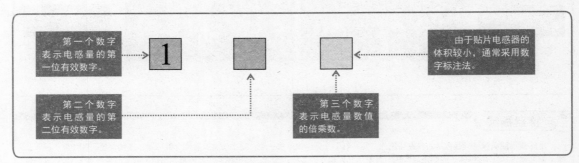

在数字字符标注法中，第二部分的数字表示电感量的第一位有效数字；第二部分的字母相当于小数点；第三部分的数字表示电感量的第二位有效数字。

【电感器的数字字符标注法】

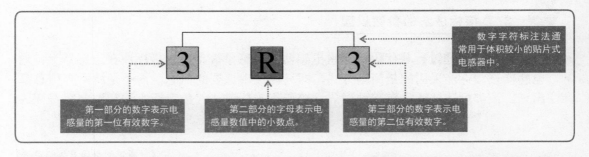

识别电感器比较简单,主要从外形特征入手,特别是从外观能够看到线圈的电感器,如空心电感线圈、磁棒电感线圈、磁环电感线圈、扼流圈等。另外,色码电感器外形特征也比较明显,很容易识别。

比较容易混淆的是色环电感器和小型贴片电感器,它们的外形分别与色环电阻器、贴片电阻器相似,区分时主要依据电路板中的标识。一般在电路板中,电感器附近会标有"L+数字"组合的名称标识,而电阻器为"R+数字"组合,因此也很容易区分。

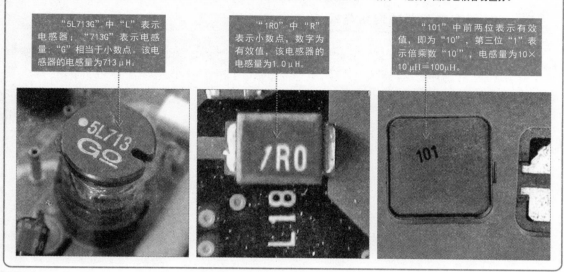

"5L713G"中"L"表示电感器;"713G"表示电感量;"G"相当于小数点。该电感器的电感量为713μH。

"1R0"中"R"表示小数点,数字为有效值,该电感器的电感量为1.0μH。

"101"中前两位表示有效值,即为"10",第三位"1"表示倍乘数"10¹",电感量为10×10^1μH=100μH。

▶ 3.2.2 电感器的选用代换

代换不同类型的电感器时,需要注意的事项不同,下面重点对普通电感器和微调电感器的代换进行介绍。

1.普通电感器的选用与代换

在代换普通电感器时,尽可能选用同型号的电感器,若无法找到同型号的电感器时,则要求选用的电感器其标称电感量和额定电流与原电感器的电感量和额定电流相差越小越好,外形和尺寸也应符合要求。

【普通电感器的选用与代换实例】

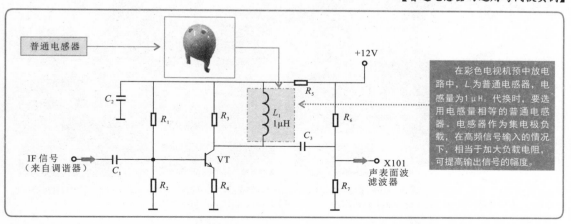

在彩色电视机预中放电路中,L_1为普通电感器,电感量为1μH。代换时,要选用电感量相等的普通电感器。电感器作为集电极负载,在高频信号输入的情况下,相当于加大负载电阻,可提高输出信号的幅度。

2.可变电感器的选用与代换

在代换可变电感器时，尽可能选用同型号的电感器，若无法找到同型号的电感器时，则要求选用的电感器其尺寸与原电感器的尺寸相差越小越好，并且外形应符合要求。

【可变电感器的选用与代换实例】

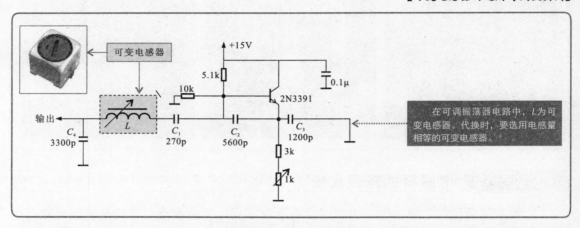

可变电感器

+15V

5.1k
10k
2N3391
0.1μ

输出
C_4 3300p
L
C_1 270p
C_2 5600p
C_3 1200p
3k
1k

在可调振荡器电路中，L为可变电感器。代换时，要选用电感量相等的可变电感器。

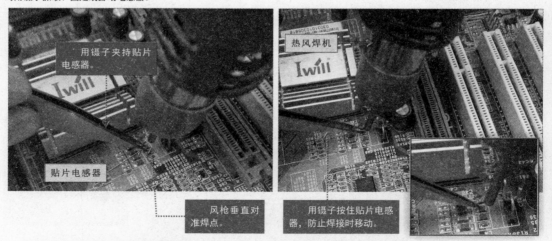

用镊子夹持贴片电感器。

热风焊机

贴片电感器

风枪垂直对准焊点。

用镊子按住贴片电感器，防止焊接时移动。

此外，由于空心、磁棒和磁环线圈属于电感量可变电感器，线圈之间的间距或磁心的移动可能会影响电感量，因此在代换该类电感器时，在安装完毕后，应将电感量调整到适当的位置上，然后用石蜡将线圈或磁心等进行固定。

▶ 3.3.1 色环/色码标注的电感器的检测方法 »

检测色环/色码标注的电感器时，可通过数字式万用表完成对实际电感量的检测，将该实测值与标称值比较即可判别待测电感器的好坏。

【色环标注的电感器的检测方法】

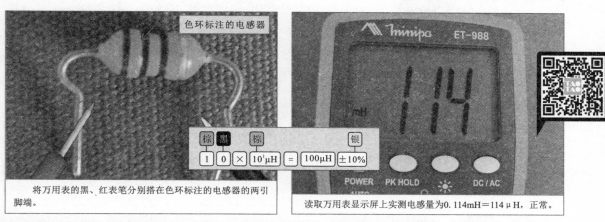

色环标注的电感器

棕	黑	棕	银
1	0	×10¹μH	±10%

$$1\ 0 \times 10^1\mu H = 100\mu H \pm 10\%$$

将万用表的黑、红表笔分别搭在色环标注的电感器的两引脚端。

读取万用表显示屏上实测电感量为0.114mH＝114μH，正常。

特别提醒

有些数字式万用表在检测电感器的电感量时，需要配合使用附加测试器来完成对电感器电感量的测量。

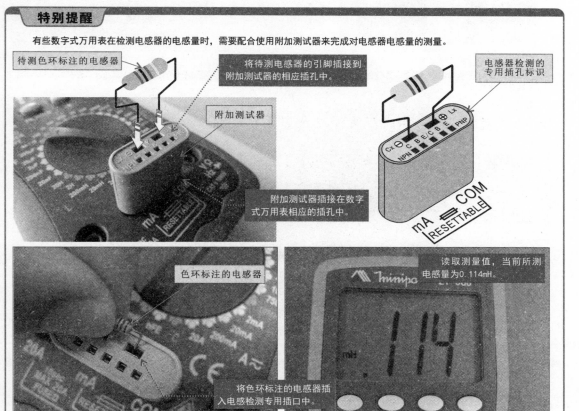

待测色环标注的电感器

将待测电感器的引脚插接到附加测试器的相应插孔中。

附加测试器

附加测试器插接在数字式万用表相应的插孔中。

电感器检测的专用插孔标识

色环标注的电感器

将色环标注的电感器插入电感检测专用插口中。

读取测量值，当前所测电感量为0.114mH。

由于电感线圈电感量的可调性，在一些电路设计、调整或测试环节，通常需要了解其当前精确的电感量值，或在电路中的特性参数，因此需借助专用的电感电容测试仪或频率特性测试仪对其进行检测。

【电感电容测试仪检测电感线圈的方法】

将电感电容测试仪的黑、红鳄鱼夹分别夹在电感线圈的两引脚端，调整仪器的旋钮，使指示器的指针接近于零点。

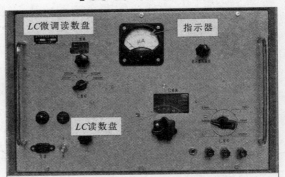

读取电感线圈的电感量L=LC读数+LC微调读数=0.01mH+0.0005mH=0.0105mH=10.5μH。

【频率特性测试仪检测电感线圈的方法】

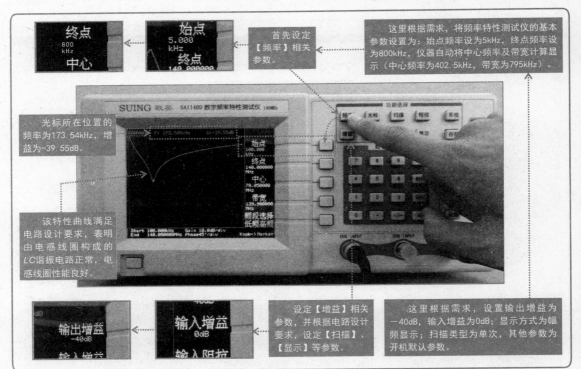

首先设定【频率】相关参数。

这里根据需求，将频率特性测试仪的基本参数设置为：始点频率设为5kHz，终点频率设为800kHz，仪器自动将中心频率与带宽计算显示（中心频率为402.5kHz，带宽为795kHz）。

光标所在位置的频率为173.54kHz，增益为-39.55dB。

该特性曲线满足电路设计要求，表明由电感线圈构成的LC谐振电路正常，电感线圈性能良好。

设定【增益】相关参数，并根据电路设计要求，设定【扫描】、【显示】等参数。

这里根据需求，设置输出增益为-40dB，输入增益为0dB；显示方式为幅频显示；扫描类型为单次，其他参数为开机默认参数。

特别提醒

使用频率特性测试仪检测电感线圈主要是对LC谐振电路的频率特性进行检测，通过检测得到的频率特性曲线完成对电感线圈性能的判断。

检测贴片电感器时，可以使用万用表检测其两引脚间的阻值是否正常，来判断其性能是否正常。

【贴片电感器的检测方法】

将万用表的红、黑表笔分别搭在贴片电感器的两个引脚端（贴片电感器引脚无正、负极之分，可将万用表的两个表笔任意搭接在两端引脚上）。

在正常情况下，贴片电感器的直流电阻值较小，近似接近于0Ω。若实测贴片电感器的直流电阻值趋于无穷大，则多为该电感器性能不良。

特别提醒

贴片电感器体积较小，与其他元件间距也较小，为确保检测准确，避免表笔同时搭接到其他元件引脚上，可在万用表的表笔上绑扎大头针后再测量。

检测微调电感器的方法与检测贴片电感器的方法相同。

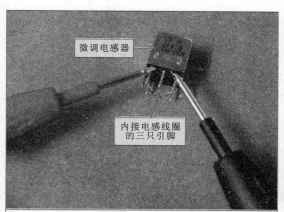

将万用表的红、黑表笔分别搭在待测微调电感器的两只引脚上，检测其内部电感线圈的阻值。

观察万用表指针的指示位置，读取当前的测量值为0.5Ω，正常。

第4章
二极管的检测

 4.1 二极管的种类和功能特点

▶ **4.1.1 二极管的种类特点**

　　晶体二极管是最常见的半导体电子元器件，它具有单向导电性，引脚有正负极之分。晶体二极管通常是在PN结（由一个P型半导体和N型半导体制成）两端引出相应的电极引线，再加上管壳密封制成的。

　　二极管的种类较多，按功能可以分为整流二极管、发光二极管、稳压二极管、光敏二极管、检波二极管、变容二极管和双向触发二极管等。

 1. 整流二极管

　　整流二极管可将交流电整流成直流电，常应用于整流电路中。这种整流二极管多为面接触型二极管，结面积大、结电容大，但工作频率低，多采用硅半导体材料制成。

【整流二极管的实物外形】

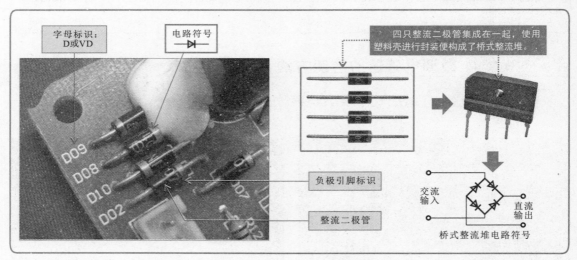

 2. 稳压二极管

　　稳压二极管是由硅材料制成的面接触型二极管，它内部的PN结反向击穿时，稳压二极管两端电压会固定在某一数值上，并且不随电流大小变化而变化，它就是利用此特点来达到稳压目的。

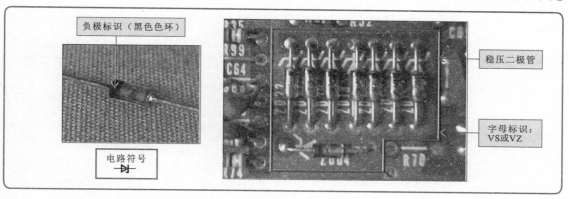

负极标识（黑色色环）

稳压二极管

字母标识：
VS或VZ

电路符号

3. 发光二极管

发光二极管常作为显示器件或光电控制电路中的光源使用。这种二极管是一种利用正向偏置时PN结两侧的多数载流子直接复合释放出光能的发射器件。

发光二极管在正常工作时，处于正向偏置状态，当正向电流达到一定值时就发光。具有工作电压低、工作电流很小、抗冲击和抗震性能好、可靠性高以及寿命长的特点。

【发光二极管的基本结构】

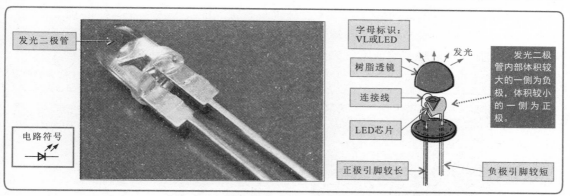

发光二极管

电路符号

字母标识：
VL或LED

发光

树脂透镜

连接线

LED芯片

正极引脚较长

负极引脚较短

发光二极管内部体积较大的一侧为负极，体积较小的一侧为正极。

特别提醒

发光二极管是将电能转化为光能的器件，通常用元素周期表中的Ⅲ族和Ⅴ族元素的砷化镓、磷化镓等化合物制成。采用不同材料制成的发光二极管可以发出不同颜色的光，常见的有红光、蓝光、黄光和绿光和橙光等。

两只引脚的发光二极管只可显示单色光，而有些多引脚的发光二极管还可以发出两种或三种颜色。其中，双色发光二极管有三个引脚，三色发光二极管有四个引脚。

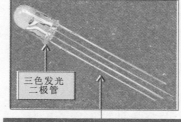

三色发光二极管

三色发光二极管有四只引脚，其中三只为正极，一只为负极，通过控制三只正极引脚的供电，便可改变发光颜色。

双色发光二极管

双色发光二极管有三只引脚，根据标识可知引脚极性。

4. 光敏二极管

　　光敏二极管又称为光电二极管，其特点是当受到光照射时，二极管反向阻抗会随之变化（随着光照射的增强，反向阻抗会由大到小），利用这一特性，光敏二极管常用作光电传感器件使用。

【光敏二极管的实物外形】

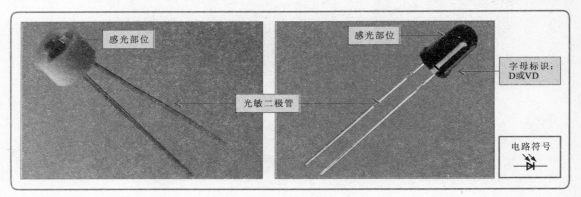

5. 检波二极管

　　检波二极管是利用二极管的单向导电性，再与滤波电容器配合，可以把叠加在高频载波上的低频信号检出来的器件，这种二极管具有较高的检波效率和良好的频率特性。在收音机、录音机的检波电路中比较常见。

　　检波二极管多采用玻璃或陶瓷外壳，以保证良好的高频特性。

【检波二极管的实物外形】

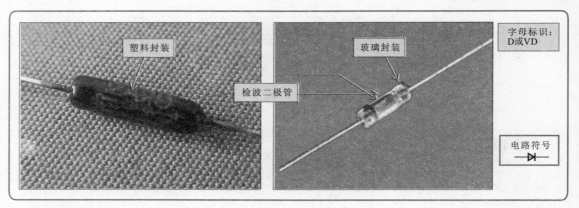

6. 变容二极管

　　变容二极管是利用PN结的电容随外加偏压而变化这一特性制成的非线性半导体器件，在电路中起电容器的作用，它被广泛地用于超高频电路中的参量放大器、电子调谐器及倍频器等高频和微波电路中。

【变容二极管的实物外形】

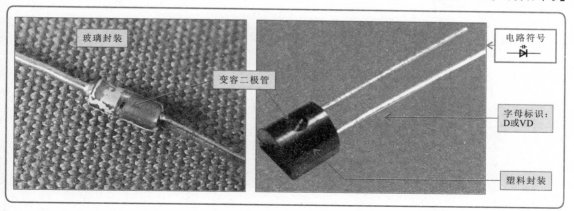

 7. 双向触发二极管

　　双向触发二极管又称为二端交流器件（简称DIAC），它是一种具有三层结构的两端对称半导体器件，在晶闸管控制电路中比较常见。常用来触发晶闸管或用于过电压保护、定时、移相等电路中。

【双向触发二极管的实物外形】

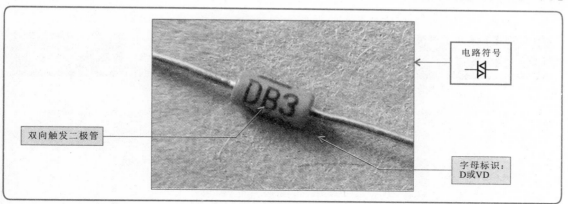

▶ 4.1.2 二极管的功能特点

　　在一般情况下，只允许电流从正极流向负极，而不允许电流从负极流向正极，这就是二极管的单向导电性。

特别提醒

　　当PN结外加正向电压时，其内部电流方向与电源提供的电流方向相同，电流很容易通过PN结形成电流回路。此时，PN结呈低阻状态（正偏状态的阻抗较小），电路为导通状态。

　　当PN结外加反向电压时，其内部电流方向与电源提供的电流方向相反，电流不易通过PN结形成回路。此时，PN结呈高阻状态，电路为截止状态。

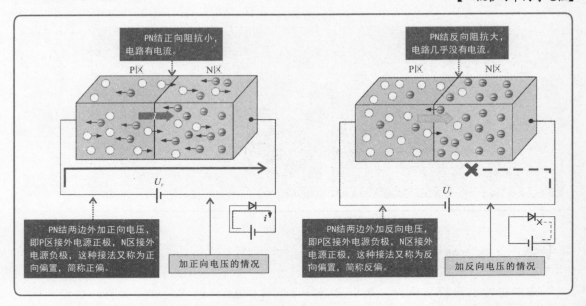

PN结正向阻抗小，电路有电流。

PN结反向阻抗大，电路几乎没有电流。

P区　　N区

P区　　N区

U_F

U_r

PN结两边外加正向电压，即P区接外电源正极，N区接外电源负极，这种接法又称为正向偏置，简称正偏。

加正向电压的情况

PN结两边外加反向电压，即P区接外电源负极，N区接外电源正极，这种接法又称为反向偏置，简称反偏。

加反向电压的情况

二极管的伏安特性是指加在二极管两端电压和流过二极管电流之间的关系曲线，通常用来描述二极管的性能。

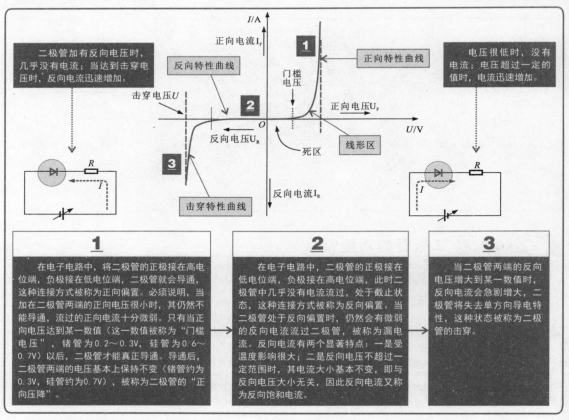

I/A

正向电流I_F

1

正向特性曲线

二极管加有反向电压时，几乎没有电流；当达到击穿电压时，反向电流迅速增加。

反向特性曲线

门槛电压

电压很低时，没有电流；电压超过一定的值时，电流迅速增加。

击穿电压U

2

正向电压U_F

O

U/V

反向电压U_R

死区

线形区

3

反向电流I_R

击穿特性曲线

R

I

R

I

1	**2**	**3**
在电子电路中，将二极管的正极接在高电位端，负极接在低电位端，二极管就会导通，这种连接方式被称为正向偏置。必须说明，当加在二极管两端的正向电压很小时，其仍然不能导通，流过的正向电流十分微弱。只有当正向电压达到某一数值（这一数值被称为"门槛电压"，锗管为0.2～0.3V，硅管为0.6～0.7V）以后，二极管才能真正导通。导通后，二极管两端的电压基本上保持不变（锗管约为0.3V，硅管约为0.7V），被称为二极管的"正向压降"。	在电子电路中，二极管的正极接在低电位端，负极接在高电位端，此时二极管中几乎没有电流流过，处于截止状态，这种连接方式被称为反向偏置。当二极管处于反向偏置时，仍然会有微弱的反向电流流过二极管，被称为漏电流。反向电流有两个显著特点：一是受温度影响很大；二是反向电压不超过一定范围时，其电流大小基本不变，即与反向电压大小无关，因此反向电流又称为反向饱和电流。	当二极管两端的反向电压增大到某一数值时，反向电流会急剧增大，二极管将失去单方向导电特性，这种状态被称为二极管的击穿。

4.2 二极管的识别与选用

▶ **4.2.1 二极管的参数识读** »

通常，二极管的型号参数都采用直标法标注命名，但具体命名方式根据国家、地区及生产厂商的不同而有所不同。

 1. 国产二极管的命名方式及识读

国产二极管的命名方式是将二极管的类别、材料及其他主要参数数值标注在二极管表面。根据国家标注规定，二极管的型号命名由5部分构成。

【国产二极管的命名方式及识读】

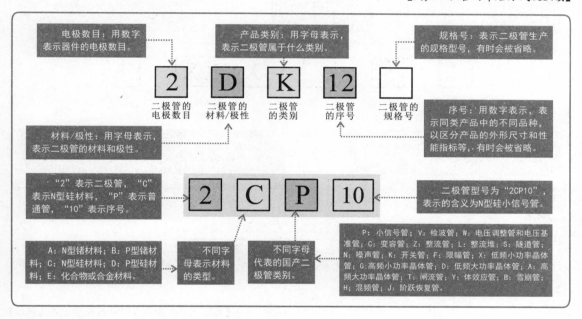

 2. 美产二极管的命名方式及识读

美国生产的二极管命名方式一般也由5部分构成，但实际标注中只标出电极数目、代号、序号3部分。

 3. 日产二极管的命名方式及识读

日本生产的二极管命名方式由5部分构成，包括PN结数目、代号、材料/极性/类型、序号和规格号。

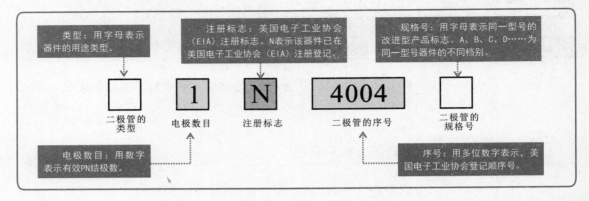

类型：用字母表示器件的用途类型。

注册标志：美国电子工业协会（EIA）注册标志。N表示该器件已在美国电子工业协会（EIA）注册登记。

规格号：用字母表示同一型号的改进型产品标志。A、B、C、D……为同一型号器件的不同档别。

1 N 4004

二极管的类型　电极数目　注册标志　二极管的序号　二极管的规格号

电极数目：用数字表示有效PN结极数。

序号：用多位数字表示，美国电子工业协会登记顺序号。

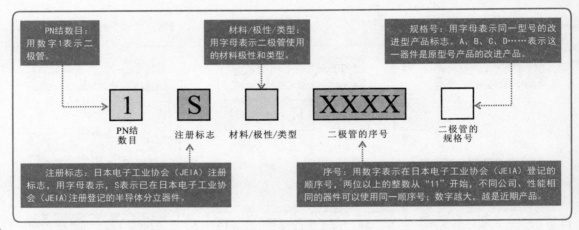

PN结数目：用数字1表示二极管。

材料/极性/类型：用字母表示二极管使用的材料极性和类型。

规格号：用字母表示同一型号的改进型产品标志。A、B、C、D……表示这一器件是原型号产品的改进产品。

1 S XXXX

PN结数目　注册标志　材料/极性/类型　二极管的序号　二极管的规格号

注册标志：日本电子工业协会（JEIA）注册标志，用字母表示，S表示已在日本电子工业协会（JEIA）注册登记的半导体分立器件。

序号：用数字表示在日本电子工业协会（JEIA）登记的顺序号，两位以上的整数从"11"开始，不同公司、性能相同的器件可以使用同一顺序号；数字越大，越是近期产品。

4.国际电子联合会二极管的命名方式及识读

国际电子联合会二极管的命名方式一般由4部分构成，包括材料、类别、序号和规格号。

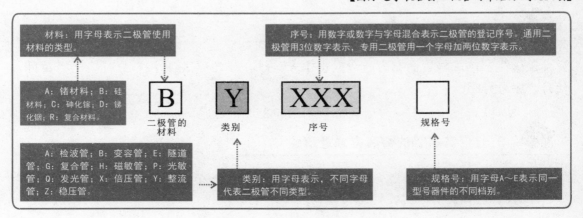

材料：用字母表示二极管使用材料的类型。

序号：用数字或数字与字母混合表示二极管的登记序号。通用二极管用3位数字表示，专用二极管用一个字母加两位数字表示。

A：锗材料；B：硅材料；C：砷化镓；D：锑化铟；R：复合材料。

B Y XXX

二极管的材料　类别　序号　规格号

A：检波管；B：变容管；E：隧道管；G：复合管；H：磁敏管；P：光敏管；Q：发光管；X：倍压管；Y：整流管；Z：稳压管。

类别：用字母表示，不同字母代表二极管不同类型。

规格号：用字母A～E表示同一型号器件的不同档别。

4.2.2 二极管的选用代换

损坏或异常的二极管需要进行代换，这里重点介绍代换原则和注意事项。

1. 整流二极管的选用与代换

整流二极管的击穿电压高，反向漏电流小，高温性能良好，主要用于各种电源的整流电路、保护电路、测量电路、控制电路和照明电路中。

代换时，所选整流二极管的功率应满足电路要求，并应根据电路的工作频率和工作电压进行选择，反向峰值电压、最大整流电流、最大反向工作电流、截止频率和反向恢复时间等参数均应符合电路设计要求。

【整流二极管的选用与代换实例】

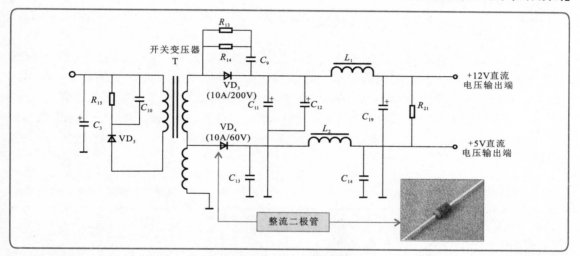

特别提醒

在电路中，VD₃和VD₄为整流二极管，额定电流为10A。其中，VD₃的额定电压为200V，VD₄的额定电压为60V。开关变压器绕组的输出电流经VD₃整流，C_{11}、L_1、C_{19}滤波，输出+12V直流电压；绕组的中间抽头经VD₄整流，C_{13}、L_2、C_{14}滤波，输出+5V直流电压。代换时，应选择额定电流、额定电压大于或等于上述参数的整流二极管。

2. 稳压二极管的选用与代换

稳压二极管主要在稳压电源电路中作为基准电压源，过电压保护电路中作为保护二极管，与其他元器件构成延迟电路等。其特点是工作在反向击穿状态下。

选择代换稳压二极管时，要注意选用的稳压二极管其稳定电压值应与应用电路的基准电压值相同，最大稳定电流应高于应用电路最大负载电流的50%左右，并尽量选用动态电阻较小的稳压管。原因是动态电阻越小，稳压管性能越好。功率应符合电路的设计要求，可串联使用，同时注意应用的环境不同，选用不同的耗散功率类型，若环境温度超过50℃时，则温度每升高1℃，应将最大耗散功率降低1%。

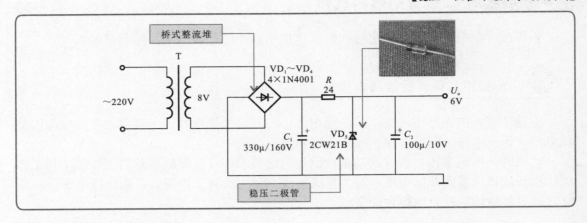

3. 检波二极管的选用与代换

　　检波二极管主要适用于高频检波电路，混频、鉴频、鉴相限幅、钳位、开关和调制电路，AGC电路等，一般采用锗材料点接触型结构，结间电容小，工作频率高。在代换时应根据电路的具体要求选择工作频率高、反向电流小、正向电流足够大的检波二极管。因为检波是对高频波整流，二极管的结电容一定要小，所以选用点接触二极管；检波二极管的正向电阻为200～900Ω较好；反向电阻则是越大越好。下面选用超外差收音机检波电路介绍检波二极管的代换。

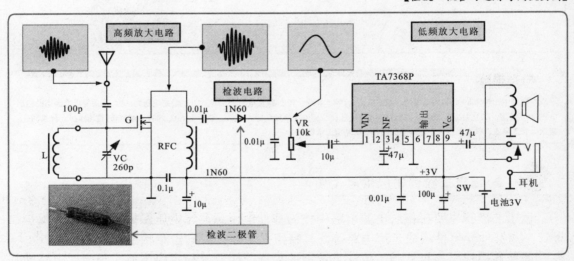

　　特别提醒

　　在收音机检波电路中选用检波二极管1N60。高频放大电路输出的调幅波加到二极管1N60的正极，由于二极管单向导电特性，通过二极管1N60后输出的调幅波只有正半周。正半周的调幅波再由滤波器滤除其中的高频成分，经低频放大电路放大后输出的就是调制在载波上的音频信号。在代换时，尽量选择同类型、同型号的检波二极管。

4. 发光二极管的选用与代换

发光二极管主要适用于检测电路、指示灯电路、数字化仪表电路、计算机或其他电子设备的数字显示电路、工作状态指示电路（如显示器的电源指示灯）等。

选择代换发光二极管时，其额定电流应大于电路中最大允许电流值，应根据要求选择发光颜色，如作为电源指示可选择红色，同时注意根据安装位置选择发光二极管的形状和尺寸。普通发光二极管的工作电压一般为2～2.5V。电路只要满足工作电压的要求，不论是直流还是交流都可以。

【发光二极管的选用与代换实例】

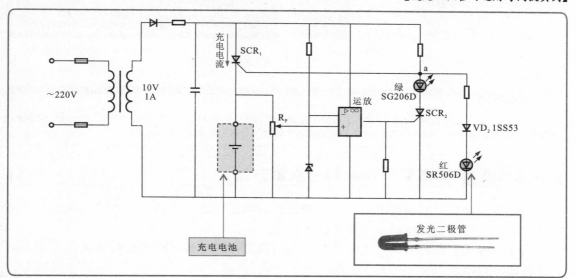

特别提醒

图中，选用发光二极管SG206D和SR506D作为指示灯，交流220V电压经变压器后降为10V，再经整流滤波后形成直流电压，分别加到晶闸管SCR₁和显示控制电路。电源接通后，a点电压上升，触发晶闸管给电池充电，同时红色发光二极管有电流流过，二极管发光表示开始充电。当充电到达额定值时，电池两端的电压上升，使电位器Rₚ的滑片电压上升，运算放大器的正（+）端电压上升，运放输出高电平使晶闸管SCR₂导通，绿色发光二极管发光，a点电压下降，停止充电，红色发光二极管熄灭。通常，发光二极管是可以通用的，在代换发光二极管时，应注意发光二极管的外形、尺寸及发光颜色要与设计要求相匹配。

一般普通绿色、黄色、红色和橙色发光二极管的工作电压为2V左右；白色发光二极管的工作电压通常大于2.4V；蓝色发光二极管的工作电压通常大于3.3V。

4.3 二极管的检测方法

4.3.1 二极管引脚极性的检测方法

二极管在电路中具有重要的作用，在检测其性能之前，需要先判断其引脚极性。

根据标识很容易识别二极管引脚极性，而对于一些没有明显标识信息的二极管，可以使用万用表的电阻档进行简单判别。

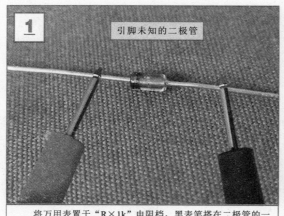

引脚未知的二极管

将万用表置于"R×1k"电阻档，黑表笔搭在二极管的一
侧引脚上，红表笔搭在另一侧引脚上。

测得的阻值为9kΩ

从万用表上读取出实测的阻值为9kΩ，对换红、黑表笔位
置，测得的阻值为无穷大。

特别提醒

使用指针式万用表检测二极管：检测阻值较小的操作中黑表笔所接引脚为二极管的正极，红表笔所接引脚为二极管的负极；使用
数字式万用表判别正好相反，在检测阻值较小的操作中，红表笔所接为二极管的正极，黑表笔所接为负极。

4.3.2 二极管制作材料的检测方法

二极管的制作材料有锗半导体材料和硅半导体材料之分，在对二极管进行选配、代
换时，准确区分其制作材料是十分关键的步骤。

判别二极管制作材料时，主要依据不同材料二极管的导通电压有明显区别这一特点
进行判断，通常使用数字式万用表的二极管档进行检测。

【二极管制作材料的检测方法】

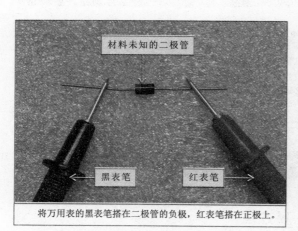

材料未知的二极管

黑表笔　红表笔

将万用表的黑表笔搭在二极管的负极，红表笔搭在正极上。

Auto

0.510 V

从万用表上读取出实测的正向导通电压为0.51V。

特别提醒

若实测二极管的正向导通电压在0.2～0.3V，则说明该二极管为锗二极管；若实测数据在0.6～0.7V，则说明所测管二极管为硅二
极管。

可以使用指针式万用表检测整流二极管正、反向阻值的方法来判断其是否良好。

【整流二极管的检测方法】

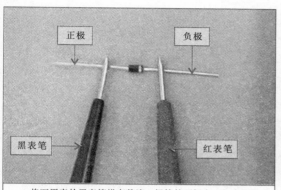

正极 负极

黑表笔 红表笔

将万用表的黑表笔搭在整流二极管的正极上，红表笔搭在负极上（由于万用表内部电池正极接黑表笔，负极接红表笔，故此种情况为加正向电压）。

测得的阻值为3kΩ

根据指针万用表表针的位置可知，实测该整流二极管的正向阻值为3kΩ，对换红、黑表笔位置，测得的反向阻值为无穷大，正常。

特别提醒

若正、反向阻值都为无穷大或阻值很小，则说明该整流二极管损坏；若测得正、反向阻值相近，则说明该整流二极管性能不良；若指针一直不断摆动，不能停止在某一阻值上，则多为该整流二极管的热稳定性不好。

▶ **4.3.4** 稳压二极管的检测方法 »

可通过检测稳压二极管的正、反向阻值或稳压值的方法来判断其是否良好。

 1. 稳压二极管正、反向阻值的检测

将万用表调至电阻档，检测稳压二极管两引脚间的正、反向阻值。

【稳压二极管的检测方法】

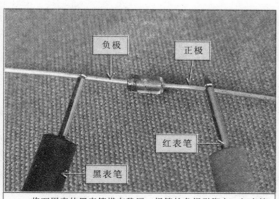

负极 正极

红表笔

黑表笔

将万用表的黑表笔搭在稳压二极管的负极引脚上，红表笔搭在正极引脚上。

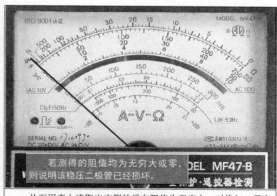

若测得的阻值均为无穷大或零，则说明该稳压二极管已经损坏。

从万用表上读取出实测的反向阻值为无穷大，对换红、黑表笔位置，测得的正向阻值为9kΩ，正常。

2.稳压二极管稳压值的检测

　　检测稳压二极管的稳压值，必须在外加反向偏压（提供反向电流）的条件下进行。
　　将万用表调至直流电压挡，黑表笔搭在稳压二极管的正极，红表笔搭在稳压二极管的负极，观察万用表所显示的电压值。

【稳压二极管稳压值的检测】

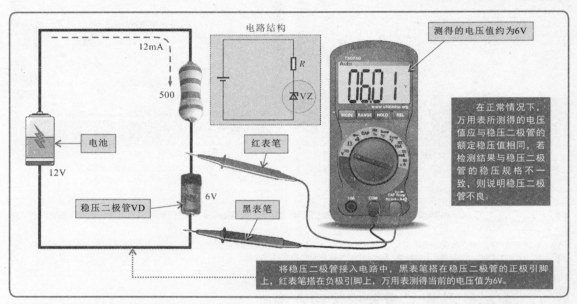

电路结构

12mA

500

电池

12V

稳压二极管VD　6V

红表笔

黑表笔

测得的电压值约为6V

在正常情况下，万用表所测得的电压值应与稳压二极管的额定稳压值相同，若检测结果与稳压二极管的稳压规格不一致，则说明稳压二极管不良。

将稳压二极管接入电路中，黑表笔搭在稳压二极管的正极引脚上，红表笔搭在负极引脚上，万用表测得当前的电压值为6V。

特别提醒

　　大部分二极管会在外壳上标有极性，有些通过电路图形符号表示，有些则通过色环或引脚长短特征进行标注。
　　识别安装在电路板上二极管的引脚极性时，可观察其附近或背面焊点周围有无标注信息，根据标注信息很容易识别引脚的极性。此外也可根据二极管所在的电路，找到对应的电路图样，根据图样中的电路图形符号识别引脚极性。

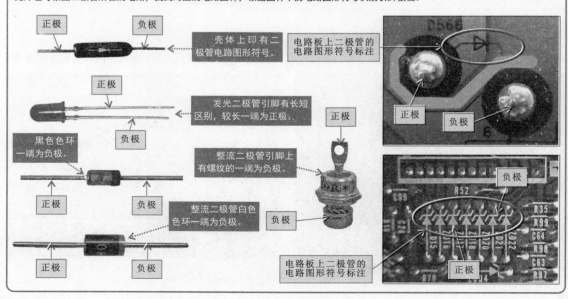

正极　　负极

壳体上印有二极管电路图形符号。

电路板上二极管的电路图形符号标注

正极

发光二极管引脚有长短区别，较长一端为正极。

负极

正极

黑色色环一端为负极。

整流二极管引脚上有螺纹的一端为负极。

正极　　负极

正极

负极

整流二极管白色色环一端为负极。

负极

正极　　负极

电路板上二极管的电路图形符号标注

正极

可通过检测发光二极管的正、反向阻值和导通发光情况来判断其是否良好。

【发光二极管的检测方法】

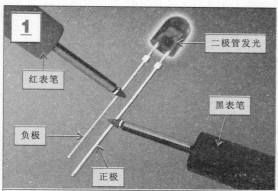

将万用表的黑表笔搭在发光二极管的正极引脚上，红表笔搭在负极引脚上。

结合万用表挡位旋钮位置（"R×1k"电阻档），在正常情况下，二极管放光，测得正向阻值为20kΩ。

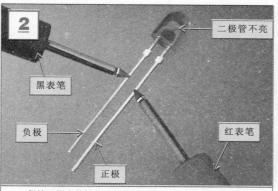

保持万用表的档位旋钮位置不变，将万用表的红、黑表笔对调，检测发光二极管的反向阻值。

在正常情况下，检测发光二极管的反向阻值时，二极管不发光，且其反向阻值为无穷大。

特别提醒

通常，若发光二极管不能发光，则反向阻值为无穷大。若正向和反向阻值都趋于无穷大，则说明发光二极管存在断路故障；若正向和反向阻值都趋于0Ω，则说明发光二极管被击穿短路；若正向和反向阻值都很小，则可以断定该发光二极管已被击穿。

在检测发光二极管的正向阻值时，选择不同的电阻档量程，其所发出的光线亮度也会不同。通常，所选量程的输出电流越大，发光二极管的光线越亮。

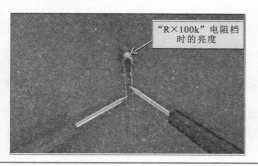

"R×100k"电阻档时的亮度

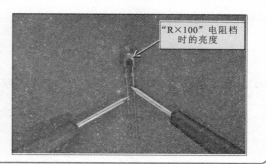

"R×100"电阻档时的亮度

　　光敏二极管通常作为光电传感器检测环境光线信息。检测光敏二极管一般需要搭建测试电路检测光照与电流的关系或性能。

　　将光敏二极管反向偏置，光电流与照射光强度成比例。光电流的大小可在电阻上检测，即检测电阻R上的电压值U，即可计算出电流值。改变光照强度，光电流就会变化，U值也会变化。

【光敏二极管的检测方法】

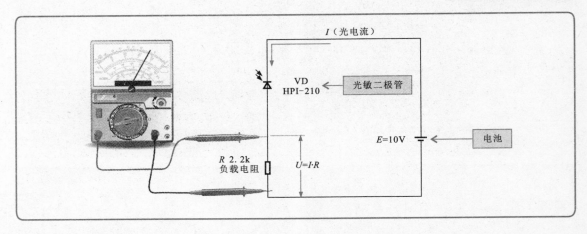

　　光敏二极管光电流的值往往很小，作用于负载的能力较差，因而与晶体管组合，将光电流放大后再去驱动负载。因此，可利用组合电路检测光敏二极管，这样更接近实际情况。

【光敏二极管与三极管构成的集电极输出电路】

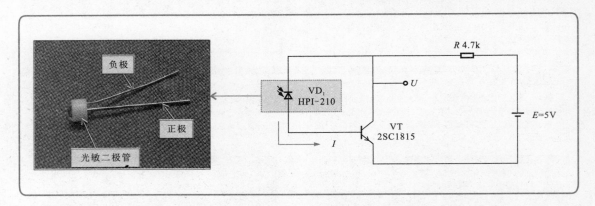

特别提醒

　　光敏二极管接在晶体管的基极电路中，光电流作为晶体管的基极电流，集电极电流等于放大h_{FE}倍的基极电流，通过检测集电极电阻压降，即可计算出集电极电流，这样可将光敏二极管与晶体管的组合电路作为一个光敏传感器的单元电路来使用，晶体管有足够的信号强度去驱动负载。

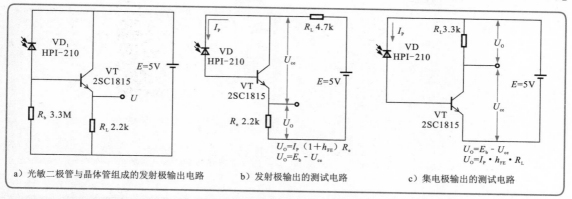

a）光敏二极管与晶体管组成的发射极输出电路　　b）发射极输出的测试电路　　c）集电极输出的测试电路

特别提醒

在光敏二极管与晶体管组成的发射极输出电路中采用光敏二极管与电阻器构成分压电路，为晶体管的基极提供偏压，可有效抑制暗电流的影响。

▶ 4.3.7　检波二极管的检测方法

可使用万用表的蜂鸣档（二极管检测档）检测检波二极管的正、反向阻值来判断其是否良好。

【检波二极管的检测方法】

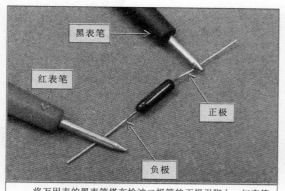

将万用表的黑表笔搭在检波二极管的正极引脚上，红表笔搭在负极引脚上。

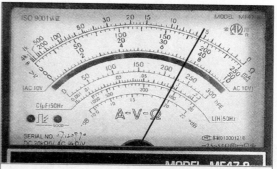

测得一定的阻值，并且万用表发出蜂鸣声。对换红、黑表笔的位置，测得的阻值为无穷大，万用表无声音发出，则说明被测检波二极管正常。

▶ 4.3.8　双向触发二极管的检测方法

可通过检测双向触发二极管的正、反向阻值或在一定电路关系中检测输出电压的方法来判断其是否良好。

 1. 双向触发二极管正、反向阻值的检测

用万用表的电阻档检测双向触发二极管一般不需要区分引脚极性，直接用万用表测量不同向的阻值即可。

将万用表置于"R×1k"电阻档，红、黑表笔搭在双向触发二极管的两引脚上。

实测阻值为无穷大，对换表笔位置，测得的阻值也为无穷大，正常。若阻值很小或为零，则说明该双向触发二极管损坏。

 2. 在路检测双向触发二极管

　　若双向触发二极管有断路故障，则开路检测时便不能判断出其是否存在故障，因此检测双向触发二极管时，最好将其放置在一定的电路关系中，通过检测其输出电压值进行判断。

【在路检测双向触发二极管的方法】

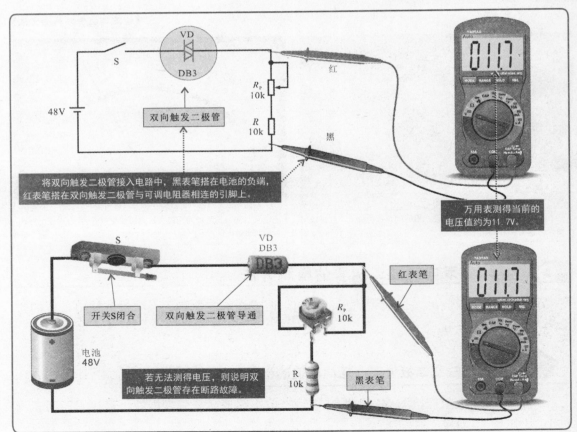

将双向触发二极管接入电路中，黑表笔搭在电池的负端，红表笔搭在双向触发二极管与可调电阻器相连的引脚上。

万用表测得当前的电压值约为11.7V。

开关S闭合　双向触发二极管导通

若无法测得电压，则说明双向触发二极管存在断路故障。

第5章
晶体管的检测

📹 5.1 晶体管的种类和功能特点

晶体管全称"晶体三极管"，是一种具有放大功能的半导体器件，在电子电路中有着广泛的应用。

▶ 5.1.1 晶体管的种类特点

晶体管实际上是在一块半导体基片上制作两个距离很近的PN结。这两个PN结把整块半导体分成三部分，中间部分为基极b，两侧部分为集电极c和发射极e，排列方式有NPN和PNP两种。

【常见晶体管的实物外形及结构】

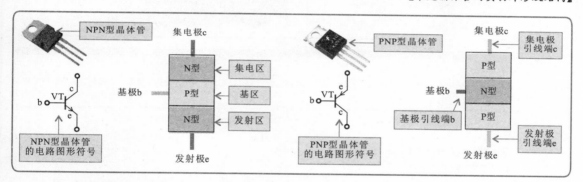

晶体管的应用十分广泛，种类繁多，分类方式也多种多样。

1. 小功率、中功率和大功率晶体管

根据功率不同，晶体管可分为小功率晶体管、中功率晶体管和大功率晶体管。

【三种不同功率晶体管的实物外形】

小功率晶体管　　中功率晶体管　　散热片　大功率晶体管

2. 低频晶体管和高频晶体管

根据工作频率不同，晶体管可分为低频晶体管和高频晶体管。

【不同工作频率晶体管的实物外形】

低频晶体管

高频晶体管

 ## 3. 锗晶体管和硅晶体管

晶体管是由两个PN结构成的，根据PN结材料的不同可分为锗晶体管和硅晶体管。

【不同材料晶体管的实物外形】

锗晶体管

硅晶体管

1. 晶体管的电流放大功能

晶体管是一种电流放大器件，可制成交流或直流信号放大器，即由基极输入一个很小的电流从而控制集电极输出很大的电流。

【 晶体管的电流放大功能 】

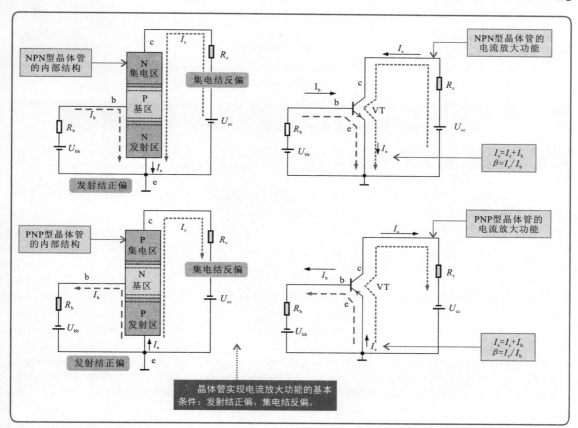

特别提醒

晶体管基极b电流最小，且远小于其他两个引脚的电流；发射极e电流最大（等于集电极电流和基极电流之和）；集电极c电流与基极b电流之比即为晶体管的放大倍数。

 2. 晶体管的开关功能

晶体管的集电极电流在一定范围内随基极电流呈线性变化，这就是放大特性。当基极电流高过此范围时，晶体管集电极电流会达到饱和值（导通）；当基极电流低于此范围时，晶体管会进入截止状态（断路），这种导通或截止的特性在电路中还可起到开关作用。

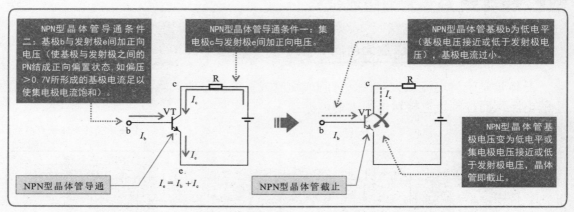

5.2 晶体管的识别与选用

▶ 5.2.1 晶体管的参数识读

各个国家生产的晶体管型号命名原则不相同，因此具体的识读方法也不一样。下面简单介绍几种常见晶体管型号的命名及识读方法。

 1. 国产晶体管的命名方式及识读

国产晶体管的参数一般由5部分构成，包括电极数目、材料/极性、类别、顺序号和规格号。

【国产三极管型号的识别】

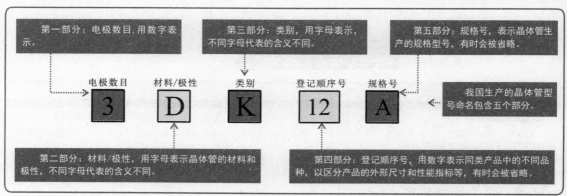

 2. 日产晶体管的命名方式及识读

日产晶体管的参数一般也由5部分构成，包括PN结数目、代号、材料/极性、顺序号和规格号。

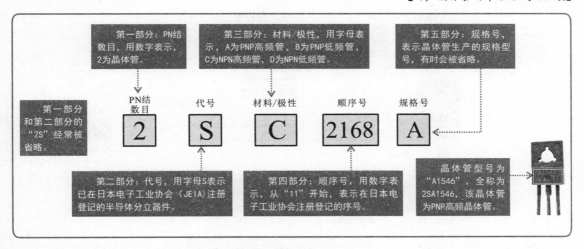

第一部分：PN结数目，用数字表示，2为晶体管。

第一部分和第二部分的"2S"经常被省略。

PN结数目

第三部分：材料/极性，用字母表示，A为PNP高频管，B为PNP低频管，C为NPN高频管，D为NPN低频管。

代号

材料/极性

第五部分：规格号，表示晶体管生产的规格型号，有时会被省略。

顺序号

规格号

2　S　C　2168　A

已在日本电子工业协会（JEIA）注册登记的半导体分立器件。

第二部分：代号，用字母S表示已在日本电子工业协会（JEIA）注册登记的半导体分立器件。

第四部分：顺序号，用数字表示，从"11"开始，表示在日本电子工业协会注册登记的序号。

晶体管型号为"A1546"，全称为2SA1546，该晶体管为PNP高频晶体管。

3. 美产晶体管的命名方式及识读

美产晶体管的参数一般由3部分构成，包括电极数目、代号和顺序号。

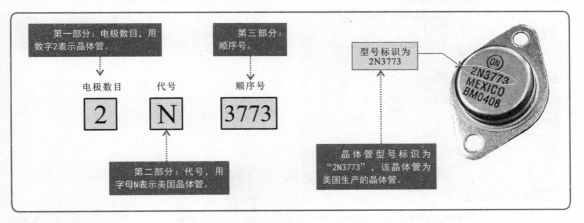

第一部分：电极数目，用数字2表示晶体管。

第三部分：顺序号。

电极数目　　代号　　顺序号

2　N　3773

型号标识为2N3773

第二部分：代号，用字母N表示美国晶体管。

晶体管型号标识为"2N3773"，该晶体管为美国生产的晶体管。

4. 晶体管引脚极性的识别

晶体管有三个电极，分别是基极b、集电极c和发射极e。晶体管的引脚排列位置根据品种、型号及功能的不同而不同，因此识别晶体管的引脚极性在测试、安装、调试等各个应用场合都十分重要。

特别提醒

确定晶体管的型号后，在有互联网的计算机中搜索晶体管型号的相关信息，可找到很多该型号晶体管的产品说明资料（PDF文件），从这些资料中便可找到相应的晶体管引脚极性示意图及各种参数信息。

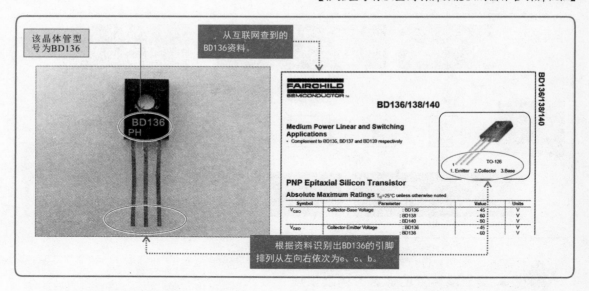

除了上述方法外，还可根据电路板上标注信息或电路图形符号识别晶体管引脚。

【根据电路板上标注信息或电路图形符号识别晶体管引脚极性】

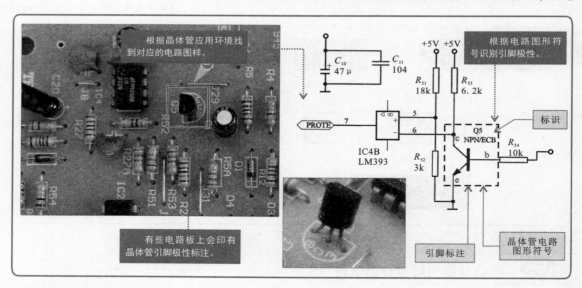

▶ 5.2.2 晶体管的选用代换

晶体管是电子设备中应用最广泛的元器件之一。损坏时，应尽量选用型号、类型完全相同的晶体管代换，或选择各种参数能够与应用电路或场合相匹配的晶体管代换。

选用晶体管时，在能满足整机要求放大参数的前提下，避免选用直流放大系数 h_{EF} 过大的晶体管，以防产生自激；需要注意区分类型是NPN型还是PNP型，根据使用场合和电路性能选用合适类型的晶体管。

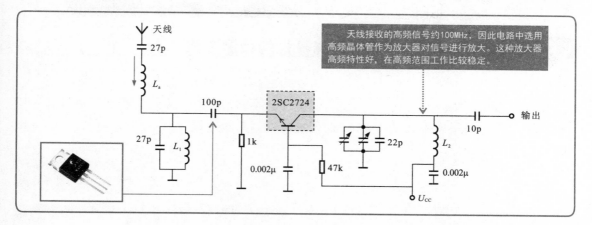

天线接收的高频信号约100MHz，因此电路中选用高频晶体管作为放大器对信号进行放大。这种放大器高频特性好，在高频范围工作比较稳定。

特别提醒

图中选用的晶体管2SC2724是日本产的NPN型晶体管。天线接收天空中的信号后，分别经LC组成的串联谐振电路和LC并联谐振电路调谐后输出所需的高频信号，经耦合电容后送入晶体管的发射极进行放大。在集电极输出电路中设有LC谐振电路，与高频输入信号谐振起选频作用。代换时，应注意所选择的晶体管必须与原晶体管为同类型。

另外，若所选用晶体管为光敏晶体管，除应注意电参数，如最高工作电压、最大集电极电流和最大允许功耗不超过最大值外，其光谱响应范围必须与入射光的光谱类型相匹配，以获得最佳特性。

【晶体管音频放大电路】

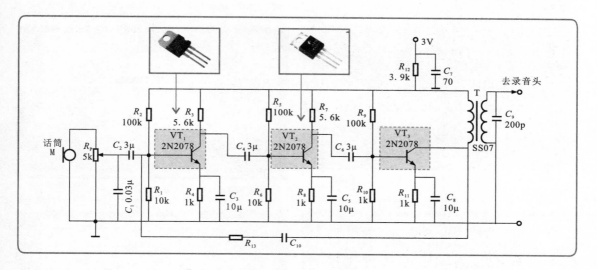

特别提醒

在晶体管音频放大电路中，选用的晶体管2N2078为美国产的有两个PN结的晶体管。其中，VT₁和VT₂为PNP型晶体管，VT₃为NPN型晶体管。该放大电路是小型录音机的音频信号放大电路，话筒信号经可变电阻器R_p后加到VT₁上，音频信号经三级放大后经变压器T被送往录音磁头。同时，VT₃的集电极输出经R_{13}、C_{10}反馈到VT₁的基极，改善放大器的频率特性。代换时，应注意选择同类型、同性能参数的晶体管。

5.3.1 NPN型晶体管引脚极性的检测方法

在检测NPN型晶体管时，可借助万用表判别其各个引脚的极性。

一只待测晶体管只知道是NPN型，引脚极性不明，此时，需要先假设一个引脚为基极（b），通过万用表确认基极（b）的位置，然后对集电极（c）和发射极（e）的位置进行判断。

【NPN型晶体管引脚极性的检测方法】

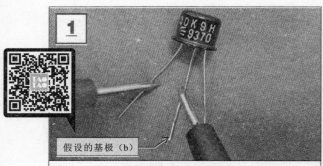

假设的基极（b）

将万用表的黑表笔搭在NPN型晶体管假设的基极（b）上，红表笔搭在晶体管其余任意一个引脚上。

观察指针位置，实际测量值为7kΩ。将红表笔搭在另一个引脚上，测得的阻值为8Ω左右，说明假设的引脚确实为基极（b）。

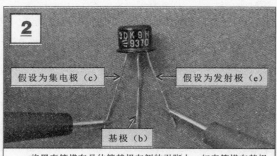

假设为集电极（c）　假设为发射极（e）

基极（b）

将黑表笔搭在晶体管基极左侧的引脚上，红表笔搭在基极右侧的引脚上。

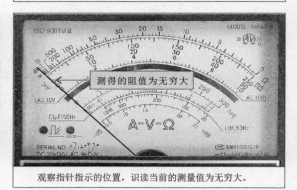

测得的阻值为无穷大

观察指针指示的位置，识读当前的测量值为无穷大。

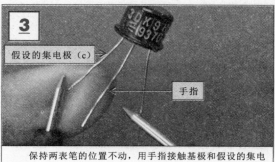

假设的集电极（c）

手指

保持两表笔的位置不动，用手指接触基极和假设的集电（c）。

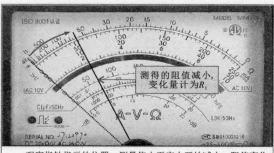

测得的阻值减小，变化量计为R_1

观察指针指示的位置，测量值由无穷大开始减小，阻值变化量计为R_1。

对换红、黑两表笔的位置，用手指接触基极和假设的发射极（e）。

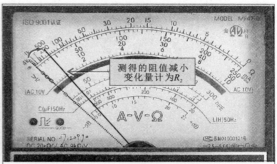

测得的阻值减小变化量计为R_2

观察指针指示的位置，可以观察到测量值也由无穷大开始减小，阻值变化量计为R_2。

特别提醒

根据检测结果$R_1 > R_2$可知：

1）测得R_1时，万用表黑表笔所搭引脚为集电极（c），红表笔所搭引脚为发射极（e）。

2）测得R_2时，万用表黑表笔所搭引脚为发射极（e），红表笔所搭引脚为集电极（c）。

▶ 5.3.2 PNP型晶体管引脚极性的检测方法 »

在检测PNP型晶体管时，也可通过万用表判别其各个引脚的极性。

一只待测晶体管只知道是PNP型，引脚极性不明，此时，需要先假设一个引脚为基极（b），并通过万用表确认其位置，然后对集电极（c）和发射极（e）的位置进行判断。

特别提醒

根据步骤1、步骤2的实测结果可知，两次测量结果都有一个较小的数值，对照前述关于PNP型晶体管引脚间阻值的检测结果可知，假设的引脚确实为基极（b）。

根据检测结果$R_1 > R_2$可知，测得R_1时，万用表黑表笔所搭引脚为发射极（e），红表笔所搭引脚为集电极（c）；测得R_2时，万用表黑表笔所搭引脚为集电极（c），红表笔所搭引脚为发射极（e）。

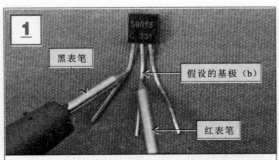

黑表笔

假设的基极（b）

红表笔

将指针式万用表的档位旋钮调至"$R×1k$"电阻档，红表笔搭在假设的基极（b）上，黑表笔搭在左侧引脚上。

测得的阻值为9.5kΩ

观察万用表的指针，结合档位位置可知，实测数值为9.5kΩ。

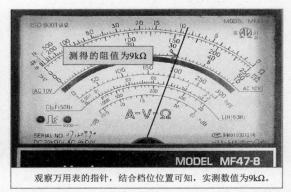

红表笔搭在假设的基极（b）上，黑表笔搭在右侧引脚上。

观察万用表的指针，结合档位位置可知，实测数值为9kΩ。

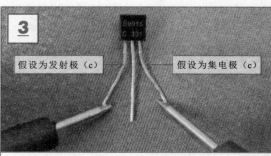

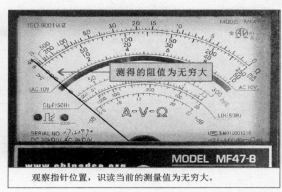

黑表笔搭在晶体管基极左侧引脚上，红表笔搭在晶体管基极右侧引脚上。

观察指针位置，识读当前的测量值为无穷大。

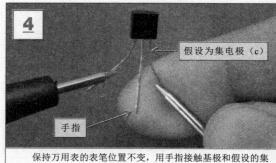

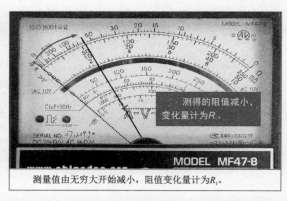

保持万用表的表笔位置不变，用手指接触基极和假设的集电极。

测量值由无穷大开始减小，阻值变化量计为R_1。

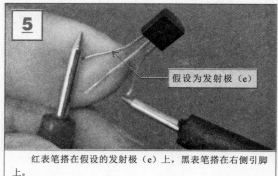

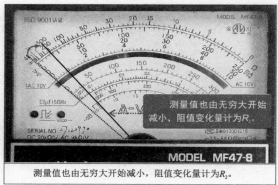

红表笔搭在假设的发射极（e）上，黑表笔搭在右侧引脚上。

测量值也由无穷大开始减小，阻值变化量计为R_2。

　　判断NPN型晶体管的好坏可以通过万用表的电阻档，分别检测晶体管三只引脚中两两之间的电阻值进行判断。

【NPN型晶体管好坏的检测方法】

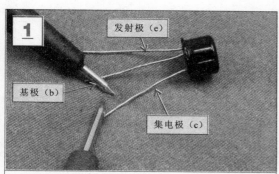

将黑表笔搭在NPN型晶体管的基极（b），红表笔搭在集电极（c）上，检测b-c之间的正向阻值。

实测b-c之间的正向阻值为4.5kΩ，属于正常范围。调换表笔位置，检测b-c之间的反向阻值应为无穷大。

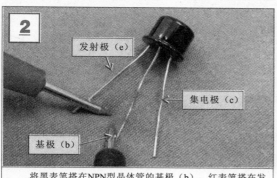

将黑表笔搭在NPN型晶体管的基极（b），红表笔搭在发射极（e）上，检测b-e之间的正向阻值。

实测NPN型晶体管b-e之间的正向阻值为8kΩ，正常。调换表笔测其反向阻值时，正常时应为无穷大。

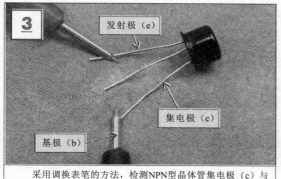

采用调换表笔的方法，检测NPN型晶体管集电极（c）与发射的极（e）之间的正、反向阻值。

在正常情况下，万用表测得c-e之间的正、反向阻值应均为无穷大。

特别提醒

　　通常，NPN型晶体管b-c之间有一定的正向阻值，反向阻值为无穷大；b-e之间有一定的正向阻值，反向阻值为无穷大；c-e之间的正、反向阻值均为无穷大。

判别PNP型晶体管好坏的方法与判别NPN型晶体管好坏的方法相同，也是通过用万用表检测晶体管引脚阻值的方法进行判断，不同的是，万用表的红、黑表笔搭接PNP型晶体管时正、反向阻值方向不同。

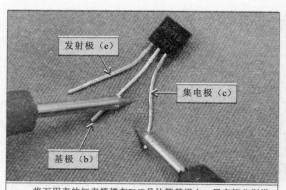

将万用表的红表笔搭接在PNP晶体管基极上，黑表笔分别搭在集电极和发射极，检测正向阻值。

万用表实测得b-c之间的正向阻值为9kΩ。调换表笔测得b-c之间的反向阻值为无穷大。

特别提醒

PNP型晶体管正常时，b-c极之间的正向阻值为9×1kΩ＝9kΩ；调换表笔后，测得反向阻值为无穷大。

黑表笔搭在PNP型晶体管的发射极（e）上，红表笔搭在基极（b）上，检测b-e之间的正向阻值为9.5×1kΩ＝9.5kΩ；调换表笔后，测得反向阻值为无穷大。

红、黑表笔分别搭在PNP型晶体管的集电极（c）和发射极（e）上，检测c-e之间的正、反向阻值均为无穷大。

特别提醒

判断晶体管好坏时，还可借助指针式万用表检测。

◇ 指针式万用表检测NPN型晶体管

• 黑表笔接基极（b），红表笔分别接集电极（c）和发射极（e）时，测b-c、b-e之间的正向阻值；调换表笔测反向阻值。

• b-c、b-e之间的正向阻值为3～10kΩ，且两值较接近，其他引脚间阻值均为无穷大。

◇ 指针式万用表检测PNP型晶体管

• 红表笔接基极（b），黑表笔分别接集电极（c）和发射极（e）时，测b-c、b-e之间的正向阻值；调换表笔测反向阻值。

• b-c、b-e之间的正向阻值为3～8kΩ，且两值较接近，其他引脚间阻值均为无穷大。

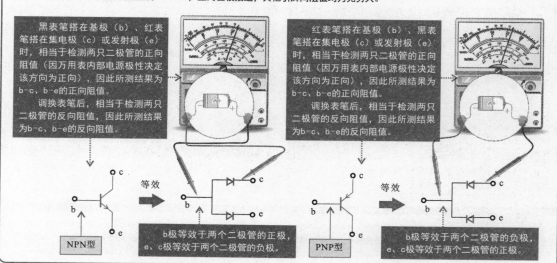

晶体管放大倍数是其重要参数，可借助万用表检测放大倍数判断该性能是否正常。

【晶体管放大倍数的检测方法】

1

发射极（e）

基极（b）　集电极（c）

识别待测晶体管的类型及引脚极性。

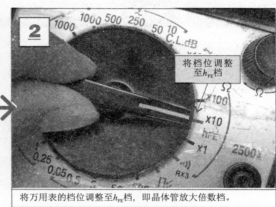

2

将档位调整至h_{FE}档

将万用表的档位调整至h_{FE}档，即晶体管放大倍数档。

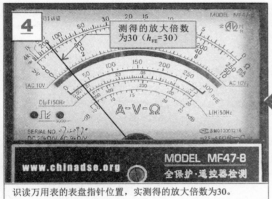

4

测得的放大倍数为30（$h_{FE}=30$）

MODEL MF47-8
www.chinadse.org
全保护·遥控器检测

识读万用表的表盘指针位置，实测得的放大倍数为30。

3

待测NPN型晶体管

将待测NPN型晶体管的三个引脚对应插接在万用表NPN检测插座上。

特别提醒

除可借助指针式万用表检测晶体管的放大倍数外，还可借助数字式万用表检测。

在数字式万用表相应插孔中安装附加测试器。

将待测晶体管插入附加测试器对应的插孔中。

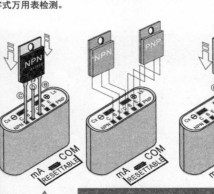

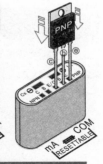

检测NPN型晶体管时，按附加测试器NPN一侧标识的引脚插孔对应插入。

第6章
场效应晶体管的检测

6.1 场效应晶体管的种类和功能特点

场效应晶体管（Field Effect Transistor，FET），是一种典型的电压控制型半导体器件，具有输入阻抗高、噪声小、热稳定性好、便于集成等优点，但是容易被静电击穿。

▶ 6.1.1 场效应晶体管的种类特点

场效应晶体管有三只引脚，分别为漏极（D）、源极（S）、栅极（G）。根据结构的不同，场效应晶体管可分为两大类：结型场效应晶体管（JFET）和绝缘栅型场效应晶体管（MOSFET）。

【常见场效应晶体管的实物外形】

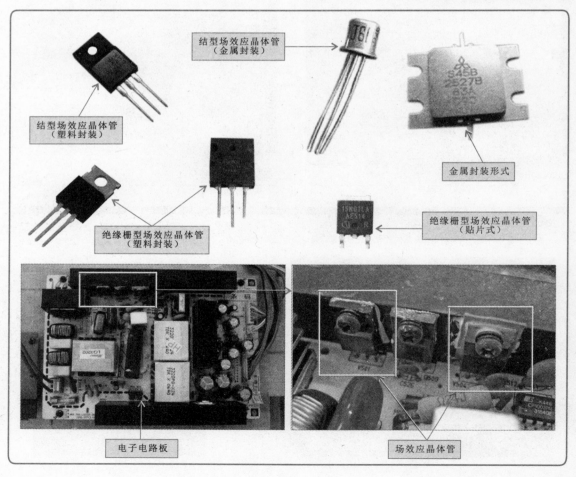

结型场效应晶体管（金属封装）

结型场效应晶体管（塑料封装）

金属封装形式

绝缘栅型场效应晶体管（塑料封装）

绝缘栅型场效应晶体管（贴片式）

电子电路板

场效应晶体管

1. 结型场效应晶体管

结型场效应晶体管（JFET）是在一块N型（或P型）半导体材料两边制作P型（或N型）区形成PN结所构成的，根据导电沟道的不同可分为N沟道和P沟道两种。

【结型场效应晶体管的外形特点及内部结构】

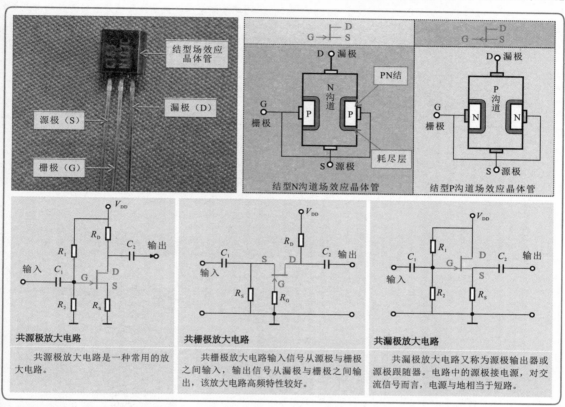

共源极放大电路

共源极放大电路是一种常用的放大电路。

共栅极放大电路

共栅极放大电路输入信号从源极与栅极之间输入，输出信号从漏极与栅极之间输出，该放大电路高频特性较好。

共漏极放大电路

共漏极放大电路又称为源极输出器或源极跟随器。电路中的源极接电源，对交流信号而言，电源与地相当于短路。

特别提醒

在N沟道结型场效应晶体管的输出特性曲线中，当栅极电压U_{GS}取不同的电压值时，漏极电流I_D将随之改变；

当I_D=0时，U_{GS}的值为场效应晶体管的夹断电压U_P；当U_{GS}=0时，I_D的值为场效应晶体管的饱和漏极电流I_{DSS}。在U_{GS}一定时，反映I_D与U_{DS}之间的关系曲线为场效应晶体管的输出特性曲线，分为3个区：饱和区、击穿区和非饱和区。

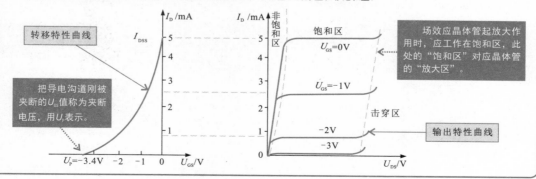

2. 绝缘栅型场效应晶体管

绝缘栅型场效应晶体管（MOSFET）简称MOS场效应晶体管，由金属、氧化物、半导体材料制成，因其栅极与其他电极完全绝缘而得名。绝缘栅型场效应晶体管除有N沟道和P沟道之分外，还可分别根据工作方式的不同分为增强型与耗尽型。

【绝缘栅型场效应晶体管的外形特点及内部结构】

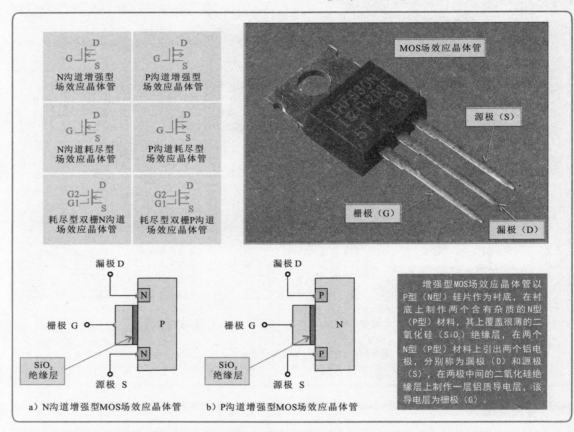

N沟道增强型场效应晶体管　P沟道增强型场效应晶体管

N沟道耗尽型场效应晶体管　P沟道耗尽型场效应晶体管

耗尽型双栅型N沟道场效应晶体管　耗尽型双栅型P沟道场效应晶体管

MOS场效应晶体管

源极（S）

栅极（G）

漏极（D）

a）N沟道增强型MOS场效应晶体管　　b）P沟道增强型MOS场效应晶体管

增强型MOS场效应晶体管以P型（N型）硅片作为衬底，在衬底上制作两个含有杂质的N型（P型）材料，其上覆盖很薄的二氧化硅（SiO_2）绝缘层，在两个N型（P型）材料上引出两个铝电极，分别称为漏极（D）和源极（S），在两极中间的二氧化硅绝缘层上制作一层铝质导电层，该导电层为栅极（G）。

特别提醒

下图为N沟道增强型MOS场效应晶体管的特性曲线。

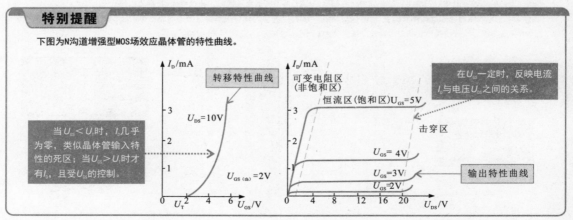

转移特性曲线

当$U_{GS} < U_T$时，I_D几乎为零，类似晶体管输入特性的死区；当$U_{GS} > U_T$时才有I_D，且受U_{GS}的控制。

可变电阻区（非饱和区）

恒流区（饱和区）$U_{GS} = 5V$

击穿区

在U_{GS}一定时，反映电流I_D与电压U_{DS}之间的关系。

输出特性曲线

场效应晶体管是一种电压控制器件，栅极不需要控制电流，只需要有一个控制电压就可以控制漏极和源极之间的电流，在电路中常作为放大器件使用。

1.结型场效应晶体管的功能特点

结型场效应晶体管是利用沟道两边耗尽层的宽窄，改变沟道导电特性来控制漏极电流实现放大功能的。

【结型场效应晶体管的放大原理】

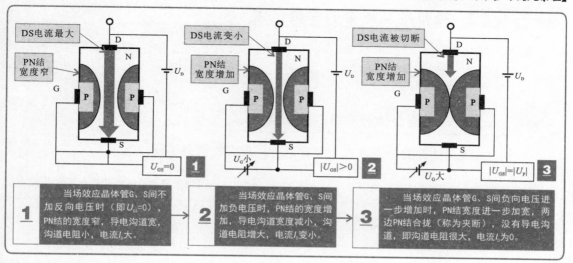

2.绝缘栅型场效应晶体管的功能特点

绝缘栅型场效应晶体管是利用PN结之间感应电荷的多少，改变沟道导电特性来控制漏极电流实现放大功能的。

【绝缘栅型场效应晶体管的放大原理】

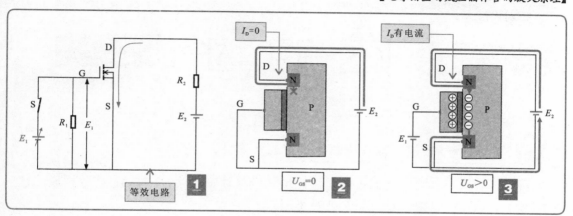

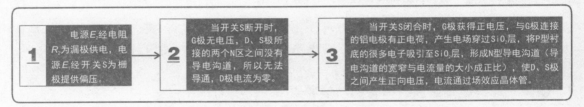

6.2 场效应晶体管的识别与选用

6.2.1 场效应晶体管的参数识读

场效应晶体管的类型、参数等是通过直标法标注在外壳上的，识读时需要了解不同国家、地区及生产厂商的命名规则。

1. 国产场效应晶体管的命名方式及识读

国产场效应晶体管的命名方式主要有两种，包含的信息不同。

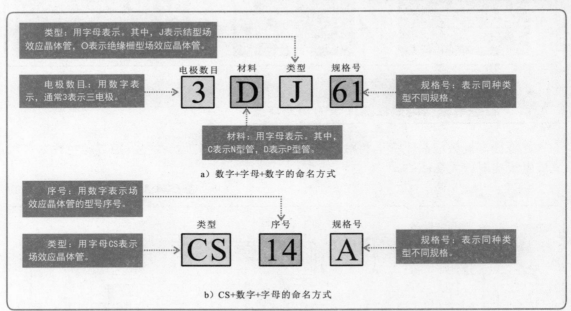

2. 日产场效应晶体管的命名方式及识读

日产场效应晶体管的命名方式与国产场效应晶体管不同，一般由5部分构成，包括PN结数目、代号、类型、顺序号和改进类型。

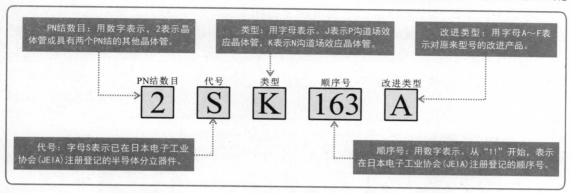

PN结数目：用数字表示，2表示晶体管或具有两个PN结的其他晶体管。

类型：用字母表示。J表示P沟道场效应晶体管，K表示N沟道场效应晶体管。

改进类型：用字母A～F表示对原来型号的改进产品。

PN结数目	代号	类型	顺序号	改进类型
2	**S**	**K**	**163**	**A**

代号：字母S表示已在日本电子工业协会(JEIA)注册登记的半导体分立器件。

顺序号：用数字表示。从"11"开始，表示在日本电子工业协会(JEIA)注册登记的顺序号。

 3. 场效应晶体管引脚极性的识别

与晶体管一样，场效应晶体管也有三个电极，分别是栅极G、源极S和漏极D，它们的排列位置根据场效应晶体管的品种、型号及功能的不同而不同。因此，识别场效应晶体管的引脚极性在测试、安装、调试等各个应用场合都十分重要。

◇ 根据型号标识查阅引脚功能

一般场效应晶体管的引脚识别主要根据型号信息查阅相关资料。首先识别出场效应晶体管的型号，然后查阅半导体手册或在互联网上搜索该型号场效应晶体管的引脚 排列。

【根据型号标识查阅引脚功能识别场效应晶体管引脚极性】

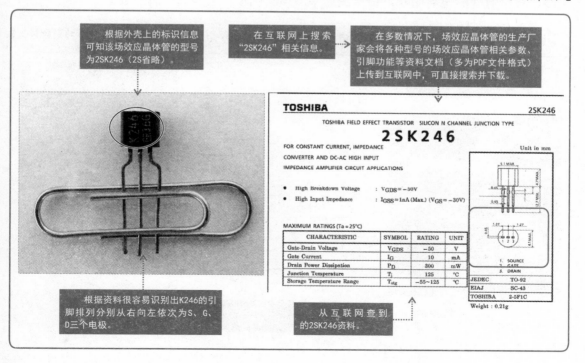

根据外壳上的标识信息可知该场效应晶体管的型号为2SK246（2S省略）。

在互联网上搜索"2SK246"相关信息。

在多数情况下，场效应晶体管的生产厂家会将各种型号的场效应晶体管相关参数、引脚功能等资料文档（多为PDF文件格式）上传到互联网中，可直接搜索并下载。

根据资料很容易识别出K246的引脚排列分别从右向左依次为S、G、D三个电极。

从互联网查到的2SK246资料。

◇ 根据一般排列规律识别

对于大功率场效应晶体管，一般情况下将印有型号标识的一面朝上放置，从左至右，引脚排列基本为G、D、S极（散热片接D极）；采用贴片封装的场效应晶体管，将印有型号标识的一面朝上放置，散热片（上面的宽引脚）是D极，下面的三个引脚从左到右依次是G、D、S极。

【根据一般规律识别场效应晶体管引脚极性】

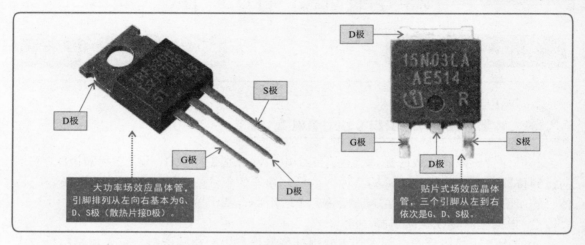

S极

D极

D极

G极

大功率场效应晶体管，引脚排列从左向右基本为G、D、S极（散热片接D极）。

D极

15N03LA
AE514   R

G极

D极

S极

贴片式场效应晶体管，三个引脚从左到右依次是G、D、S极。

◇ 根据电路板上的标识信息或电路符号进行识别

识别安装在电路板上场效应晶体管的引脚时，可观察晶体管的周围或背面焊接面上有无标识信息，根据标识信息可以很容易识别引脚极性。也可以根据场效应晶体管所在电路，找到对应的电路图样，根据图样中的电路图形符号识别引脚极性。

【根据电路板上标注信息或电路图形符号识别场效应晶体管的引脚极性】

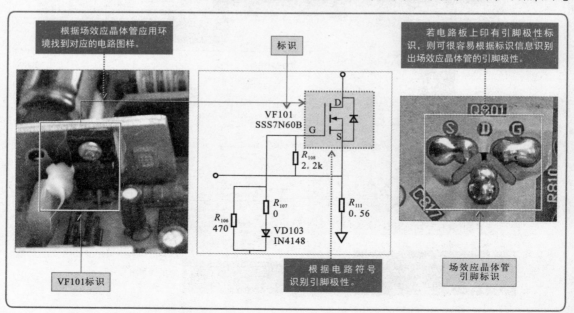

根据场效应晶体管应用环境找到对应的电路图样。

标识

若电路板上印有引脚极性标识，则可很容易根据标识信息识别出场效应晶体管的引脚极性。

VF101
SSS7N60B

R_{108}
2.2k

R_{106}
470

R_{107}
0

R_{111}
0.56

VD103
IN4148

VF101标识

根据电路符号识别引脚极性。

场效应晶体管引脚标识

检测时，若场效应晶体管有损坏的情况，则应对其进行代换。代换时，要遵循基本的代换原则及注意事项。

1. 场效应晶体管的代换原则

场效应晶体管的代换原则就是指在代换之前，要保证所选场效应晶体管的规格符合产品要求。在代换过程中，尽量采用最稳妥的代换方式，确保拆装过程安全可靠，不可造成二次故障，力求代换后的场效应晶体管能够良好、长久、稳定地工作。

◇场效应晶体管的种类比较多，在电路中的工作条件各不相同，代换时要注意类别和型号的差异，不可任意代换。

◇场效应晶体管在保存和检测时应注意防静电，以免被击穿。

◇代换时，应注意场效应晶体管的电路符号与类型。

特别提醒

场效应晶体管的种类和型号较多，不同种类场效应晶体管的参数也不一样，若电路中的场效应晶体管损坏，最好选用同型号的场效应晶体管代换。

类 型	适用电路	选用注意事项
结型场效应晶体管	音频放大器的差分输入电路及调制、放大、阻抗变换、稳压、限流和自动保护等电路	◇选用场效应晶体管时应重点考虑主要参数应符合电路需求。 ◇选用大功率场效应晶体管时应注意最大耗散功率应达到放大器输出功率的0.5~1倍；D-S击穿电压应为功放工作电压的2倍以上。 ◇场效应晶体管尺寸应符合电路需求。 ◇结型场效应晶体管的源极和漏极可以互换。 ◇音频功率放大器推挽输出用MOS大功率场效应晶体管时各项参数要匹配
MOS场效应晶体管	音频功率放大、开关电源、逆变器、电源转换器、镇流器、充电器、电动机驱动和继电器驱动电路等	
双栅型场效应晶体管	彩色电视机的高频调谐器电路、半导体收音机的变频器等高频电路	

2. 场效应晶体管的代换注意事项

由于场效应晶体管的形态各异，安装方式也不相同，因此代换时一定要注意方法，要根据电路特点及场效应晶体管的自身特性来选择正确、稳妥的代换方法。通常，场效应晶体管采用焊接的形式固定在电路板上，从形式上看，主要可以分为表面贴装和插接焊装两种形式。

【场效应晶体管的代换注意事项】

【表面贴装式场效应晶体管代换注意事项】

表面贴装的场效应晶体管，体积普遍较小，常用于元器件密集的数码电路中。在拆卸和焊接时，最好使用热风焊枪进行引脚加热，使用镊子实现对场效应晶体管的抓取、固定或挪动等操作。

【插接焊装式场效应晶体管代换注意事项】

插接焊装的场效应晶体管，其引脚通常会穿过电路板，在电路板的另一面（背面）进行焊接固定，这种方式也是应用最广的一种安装方式，代换时，通常使用普通电烙铁即可。

　　拆卸场效应晶体管之前，应首先对操作环境进行检查，确保操作环境干燥、整洁，操作平台稳固、平整，待检修电路板（或设备）处于断电、冷却状态。

　　由于场效应晶体管比较容易被击穿，操作前，操作者应对自身进行放电，最好在带有防静电手环的环境下操作。

　　拆卸时，应确认场效应晶体管引脚处的焊锡被彻底清除，才能小心地将场效应晶体管从电路板中取下。取下时，一定要谨慎，若在引脚焊点处还有焊锡粘连的现象，应再用电烙铁清除，直至待更换场效应晶体管被稳妥取下，切不可硬拔。

　　拆卸后，用酒精清洁焊孔，若电路板上有氧化或未去除的焊锡，则可用砂纸等打磨，去除氧化层，为更换安装新的场效应晶体管做好准备。

　　焊接时，要保证焊点整齐、美观，不能有连焊、虚焊等现象，以免造成器件的损坏。在电烙铁加热后，可以在电烙铁上沾一些松香后再进行焊接，使焊点不容易氧化。

　　此外，有些大功率场效应晶体管安装有散热片，拆卸和焊接时，应首先将场效应晶体管从电路板和散热片上拆下，然后在同型号、良好的场效应晶体管与散热片之间涂抹导热硅胶，并将其固定在散热片上，最后插入电路板上对应位置进行引脚焊接。

3.场效应晶体管的代换方法

◇ 插接焊装场效应晶体管的代换方法

　　对插接焊装的场效应管进行代换时，应采用电烙铁、吸锡器和焊锡丝等工具进行拆焊和安装操作。

【插接焊装场效应晶体管的代换方法】

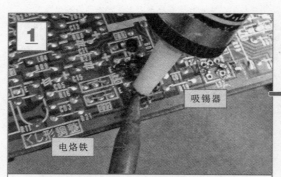

吸锡器

电烙铁

用电烙铁加热场效应晶体管各引脚焊点并用吸锡器吸走熔化的焊锡。

镊子

电烙铁

用电烙铁加热场效应晶体管各引脚焊点的同时用镊子取下场效应晶体管。

拆下的场效应晶体管　　　代换的场效应晶体管

拆下的场效应晶体管和代换的场效应晶体管。

镊子

用镊子从电路板上取下场效应晶体管。

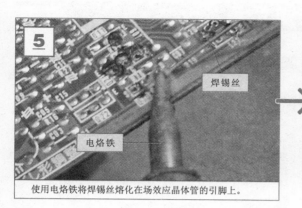

焊锡丝

电烙铁

使用电烙铁将焊锡丝熔化在场效应晶体管的引脚上。

焊锡丝

电烙铁

完成焊接后先抽离焊锡丝再抽离电烙铁。

◇表面贴装场效应晶体管的代换方法

对于表面贴装的场效应晶体管，需使用热风焊枪、镊子等工具进行拆焊和焊装。将热风焊枪的温度调节旋钮调至4～5档，将风速调节旋钮调至2～3档，打开电源开关预热后，即可进行拆焊和焊装操作。

【表面贴装场效应晶体管的代换方法】

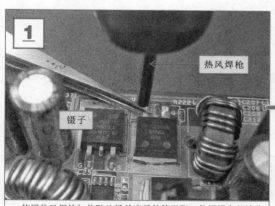

热风焊枪

镊子

使用热风焊枪加热贴片场效应晶体管引脚，使焊锡全部熔化。

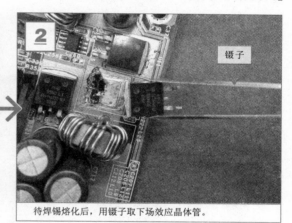

镊子

待焊锡熔化后，用镊子取下场效应晶体管。

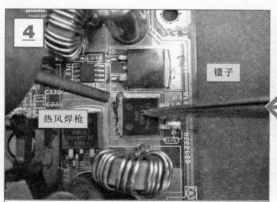

镊子

热风焊枪

用热风焊枪加热场效应晶体管引脚焊点，并用镊子按住场效应晶体管，待焊锡熔化后移开热风焊枪即可。

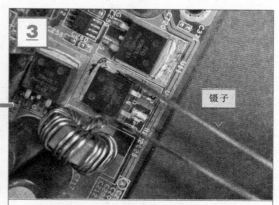

镊子

将新场效应晶体管引脚对准电路板上的焊点，并用镊子固定在电路板上。

6.3.1 结型场效应晶体管引脚间阻值的检测方法

可通过万用表检测结型场效应晶体管引脚间阻值来判断其是否损坏。

【结型场效应晶体管引脚间阻值的检测方法】

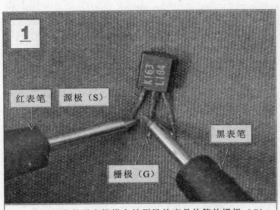

1

红表笔　源极（S）

黑表笔

栅极（G）

将万用表的黑表笔搭在结型场效应晶体管的栅极（G）上，红表笔搭在源极（S）上。

测得阻值为170Ω

MODEL MF47-8
www.chinadse.org
全保护·遥控器检测

从万用表的表盘上读取出实测的正向阻值为170Ω，对换表笔位置，测得反向阻值为无穷大。

> **特别提醒**
>
> 若结型场效应晶体管G-S之间阻值为零，则说明所测晶体管出现短路情况；若应有一定阻值的两引脚之间阻值为无穷大，则说明所测晶体管出现开路情况。

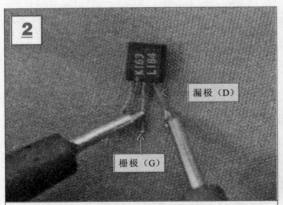

2

漏极（D）

栅极（G）

将万用表的黑表笔搭在结型场效应晶体管的栅极（G）上，红表笔搭在漏极（D）上。

测得阻值为170Ω

MODEL MF47-8
www.chinadse.org
全保护·遥控器检测

从万用表的表盘上读取出实测的正向阻值为170Ω，对换表笔位置，测得反向阻值为无穷大。

> **特别提醒**
>
> 这里所测为N沟道结型场效应晶体管，对于P沟道场效应晶体管来说，检测方法相同，只是表笔极性相反，即将红表笔搭在栅极（G）上，黑表笔分别搭在源极（S）和漏极（D）上时测得正向阻值，调换表笔后，测得反向阻值。

【结型场效应晶体管引脚间阻值的检测方法（续）】

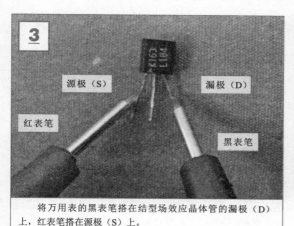

将万用表的黑表笔搭在结型场效应晶体管的漏极（D）上，红表笔搭在源极（S）上。

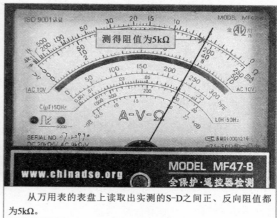

测得阻值为5kΩ

从万用表的表盘上读取出实测的S-D之间正、反向阻值都为5kΩ。

▶ 6.3.2 绝缘栅型场效应晶体管引脚间阻值的检测方法 »

同样，可通过检测绝缘栅型场效应晶体管引脚间阻值来判断其是否损坏。

【区分待测绝缘栅型场效应晶体管的引脚】

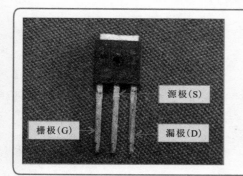

绝缘栅型场效应晶体管的电路图形符号

当绝缘栅型场效应晶体管的栅极开路时，极易受静电干扰而击穿损坏，故在不使用时，将其三个电极短路连接；若需安装焊接或代换，则操作员及工作台均要确保良好接地；在实际应用中，可在栅、源极间并联齐纳二极管以防止电压过高，漏、源极间也应当采取缓冲电路等措施吸收过电压。

【绝缘栅型场效应晶体管引脚间阻值的检测方法】

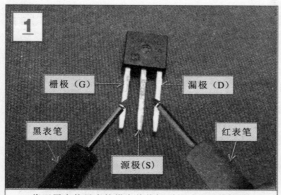

将万用表的黑表笔搭在绝缘栅型场效应晶体管的栅极（G）上，红表笔分别搭在源极（S）和漏极（D）上。

从万用表的表盘上读取出实测的正向阻值为无穷大，对换表笔位置，测得反向阻值也为无穷大。

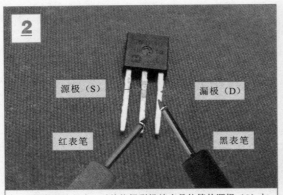

用同样的方式，对绝缘栅型场效应晶体管的源极（S）与漏极（D）之间正、反向阻值进行检测。

实测发现S-D之间正、反向阻值都为几百至几千欧姆。

特别提醒

若绝缘栅型场效应晶体管G-S之间出现阻值为零，则说明所测晶体管出现短路情况；若S-D之间的阻值为无穷大，则说明所测晶体管出现开路情况。

▶ 6.3.3 场效应晶体管放大能力的检测方法 ≫

场效应晶体管的放大能力是其最基本的性能之一，使用万用表可以粗略检测该特性。

【场效应晶体管放大能力的检测方法】

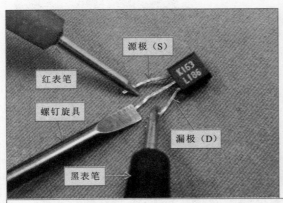

指针产生一个较大的摆动

将万用表的黑表笔搭在结型场效应晶体管的漏极（D）上，红表笔搭在源极（S）上，当前测量值为5kΩ。然后用螺钉旋具接触栅极（G），可看到万用表指针产生一个较大的摆动（向左或向右）这一摆动幅度越大，表明结型场效应晶体管的放大能力越好；反之，则表明放大能力越差。若螺钉旋具接触栅极（G）时指针不摆动，则表明该晶体管已失去放大能力。

特别提醒

当测量一次后再次测量，表针可能不动，这是因为在第一次测量时G-S之间结电容积累了电荷。为能够使万用表表针再次摆动，可在测量后短接一下G-S极。

上述方法及判断规律也适用于绝缘栅型场效应晶体管。需要注意的是，为避免人体感应电压过高或人体静电使绝缘栅型场效应晶体管击穿，检测时尽量不用手直接接触晶体管，而是用手接触螺钉旋具金属部分，再用螺钉旋具进行碰触。

7.1 晶闸管的种类和功能特点

7.1.1 晶闸管的种类特点

晶闸管是晶体闸流管的简称，是一种可控整流器件，也称为可控硅。晶闸管在一定的电压条件下，只要有一触发脉冲就可导通，即便触发脉冲消失，仍然能维持导通状态。

【常见晶闸管的实物外形】

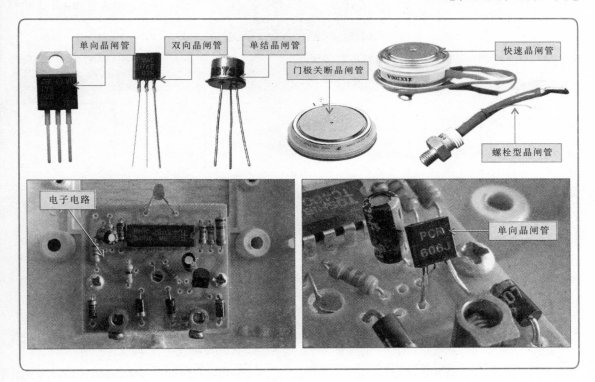

单向晶闸管　双向晶闸管　单结晶闸管　门极关断晶闸管　快速晶闸管　螺栓型晶闸管　电子电路　单向晶闸管

特别提醒

晶闸管的类型较多，分类方式也多种多样。

◇ 按关断、导通及控制方式可分为普通单向晶闸管、双向晶闸管、逆导晶闸管、门极关断晶闸管、BTG晶闸管、温控晶闸管及光控晶闸管等多种。

◇ 按引脚和极性可分为二极晶闸管、三极晶闸管和四极晶闸管。

◇ 按封装形式可分为金属封装晶闸管、塑封晶闸管和陶瓷封装晶闸管三种类型。其中，金属封装晶闸管又分为螺栓形、平板形、圆壳形等多种；塑封晶闸管又分为带散热片型和不带散热片型两种。

◇ 按电流容量可分为大功率晶闸管、中功率晶闸管和小功率晶闸管三种。

◇ 按关断速度可分为普通晶闸管和快速晶闸管。

1. 单向晶闸管

　　单向晶闸管（SCR）是指触发后只允许一个方向的电流流过的半导体器件，相当于一个可控的整流二极管。它是由P-N-P-N共4层3个PN结组成的，被广泛应用于可控整流、交流调压、逆变器和开关电源电路中。

【单向晶闸管的基本特性】

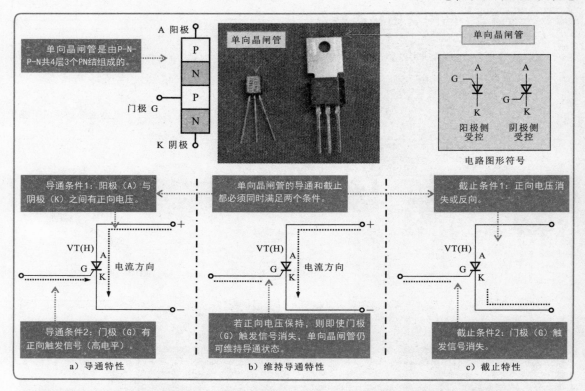

a）导通特性　　　　　　b）维持导通特性　　　　　　c）截止特性

特别提醒

　　可以将单向晶闸管等效看成一个PNP型晶体管和一个NPN型晶体管的交错结构。当给单向晶闸管的阳极（A）加正向电压时，晶体管VT_1和VT_2都承受正向电压，VT_2发射极正偏，VT_1集电极反偏。如果这时在门极（G）加上较小的正向控制电压U_g（触发信号），则有控制电流I_g送入VT_1的基极。经过放大，VT_1的集电极便有$I_{c1}=\beta_1 I_g$的电流流进。此电流送入VT_2的基极，经放大后，VT_2的集电极便有$I_{c2}=\beta_1\beta_2 I_g$的电流流过。该电流又送入$VT_1$的基极，如此反复，两个晶体管便很快导通。晶闸管导通后，VT_1的基极始终有比I_g大得多的电流流过，因而即使触发信号消失，单向晶闸管仍能保持导通状态。

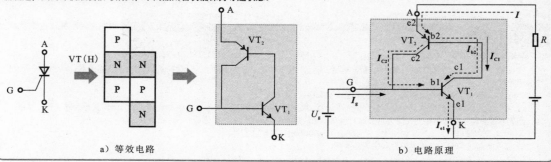

a）等效电路　　　　　　　　　　　　　　　b）电路原理

2. 双向晶闸管

双向晶闸管又称为双向可控硅，是由N-P-N-P-N共5层4个PN结组成的，有第一电极（T_1）、第二电极（T_2）、门极（G）3个电极，在结构上相当于两个单向晶闸管反极性并联，常用在交流电路调节电压、电流或用作交流无触点开关。

【双向晶闸管的基本特性】

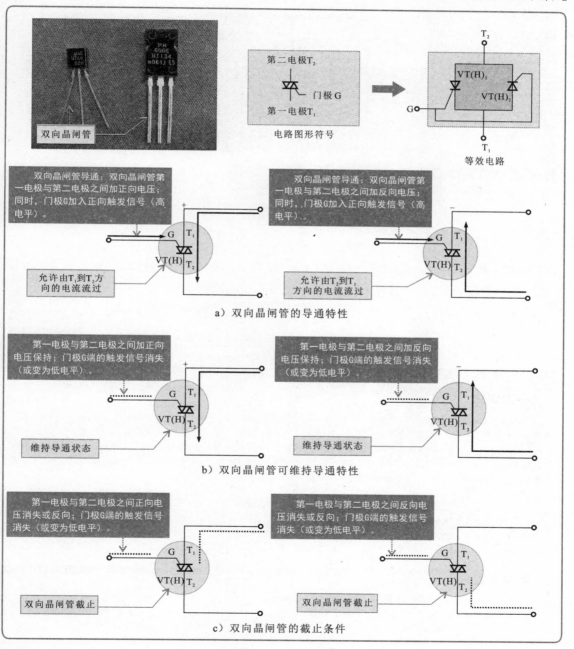

a）双向晶闸管的导通特性

b）双向晶闸管可维持导通特性

c）双向晶闸管的截止条件

3. 单结晶闸管

单结晶闸管（UJT）也称为双基极二极管。它从结构功能上类似晶闸管，是由一个PN结和两个内电阻构成的三端半导体器件，有一个PN结和两个基极，广泛用于振荡、定时、双稳电路及晶闸管触发电路等。

【单结晶闸管的实物外形及基本特性】

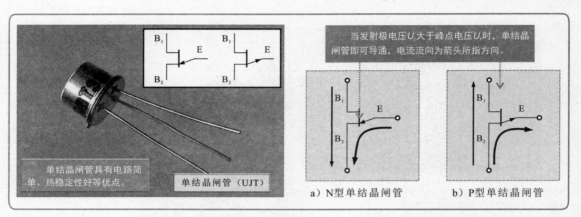

当发射极电压U_e大于峰点电压U_p时，单结晶闸管即可导通，电流流向为箭头所指方向。

单结晶闸管具有电路简单、热稳定性好等优点。

单结晶闸管（UJT）

a）N型单结晶闸管　　b）P型单结晶闸管

4. 门极关断晶闸管

门极关断（GTO）晶闸管（Gate Turn-Off Thyristor）俗称门控晶闸管，是由P-N-P-N共4层3个PN结组成的。其结构及等效电路与普通晶闸管相同。

门极关断晶闸管的主要特点是当门极加负向触发信号时能自行关断。

【门极关断晶闸管的实物外形及基本特性】

门极关断（GTO）晶闸管

门极 G　阳极A　　　　　　阳极A
　　　　　　　　　门极 G
　　阴极K　　　　　　　　阴极K
　　阳极受控　　　　　　　阴极受控

电路图形符号

特别提醒

门极关断晶闸管与普通晶闸管的区别：

普通晶闸管（SCR）受门极正信号触发后，撤掉信号亦能维持通态。欲使之关断，必须切断电源，使正向电流低于维持电流或施以反向电压强行关断。这就需要增加换向电路，不仅使设备的体积、重量增大，而且会降低效率，产生波形失真和噪声。

门极关断晶闸管克服了普通晶闸管的上述缺陷，既保留了普通晶闸管耐压高、电流大等优点，又具有自关断能力，使用方便，是理想的高压、大电流开关器件。大功率门极关断晶闸管已广泛用于斩波调速、变频调速、逆变电源等领域。

5. 快速晶闸管

快速晶闸管是由P-N-P-N共4层3个PN结构成的，符号与普通晶闸管一样，主要用于较高频率的整流、斩波、逆变和变频电路。

【快速晶闸管的外形特点】

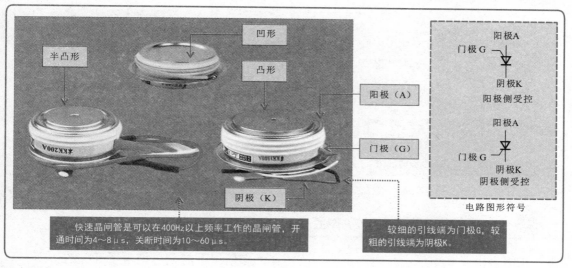

凹形

半凸形

凸形

阳极（A）

门极（G）

阴极（K）

阳极A
门极G
阴极K
阳极侧受控

阳极A
门极G
阴极K
阴极侧受控

电路图形符号

快速晶闸管是可以在400Hz以上频率工作的晶闸管，开通时间为4～8μs，关断时间为10～60μs。

较细的引线端为门极G，较粗的引线端为阴极K。

6. 螺栓型晶闸管

螺栓型晶闸管与普通单向晶闸管相同，只是封装形式不同，便于安装在散热片上，工作电流较大的晶闸管多采用这种结构形式。

【螺栓型晶闸管的外形特点】

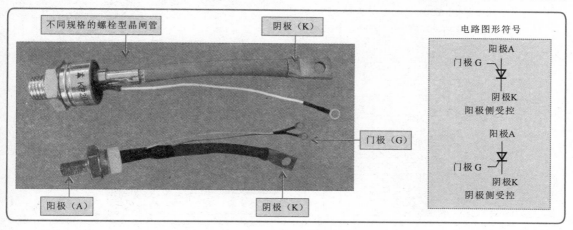

不同规格的螺栓型晶闸管

阴极（K）

电路图形符号

门极（G）

阳极（A）

阴极（K）

阳极A
门极G
阴极K
阳极侧受控

阳极A
门极G
阴极K
阴极侧受控

1. 晶闸管作为可控整流器件使用

晶闸管可与整流器件构成调压电路，使整流电路输出电压具有可调性。

【由晶闸管构成的典型调压电路】

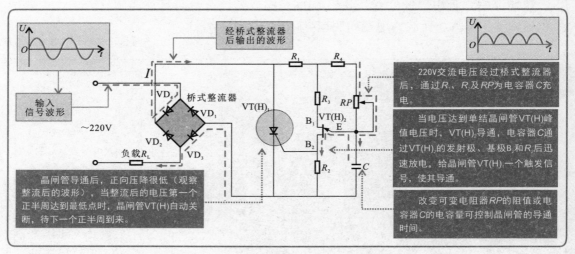

2. 晶闸管作为可控电子开关使用

在很多电子或电器产品电路中，晶闸管在大多情况下起到可控电子开关的作用，即在电路中由其自身的导通和截止来控制电路接通与断开。

【晶闸管作为可控电子开关在电路中的应用】

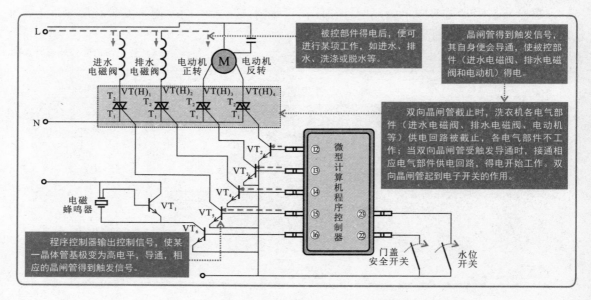

7.2 晶闸管的识别与选用

▶ **7.2.1 晶闸管的参数识读** ≫

晶闸管的类型、参数等是通过直标法标注在外壳上的，识读晶闸管包括型号识读和引脚极性识读等。不同国家及生产厂商的识读方式不同，下面分别进行介绍。

1. 国产晶闸管的命名方式及识读

国产晶闸管的命名通常会将晶闸管的主称、类别、额定通态电流值及重复峰值电压级数等信息标注在晶闸管的表面。根据国家规定，国产晶闸管的型号命名由4部分构成。

【国产晶闸管的命名方式及识读】

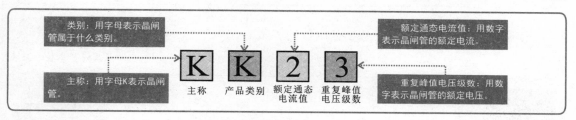

2. 日产晶闸管的命名方式及识读

日产晶闸管的型号命名由3部分构成，只将晶闸管的额定通态电流值、产品类别及重复峰值电压级数等信息标注在晶闸管的表面。

【日产晶闸管的命名方式及识读】

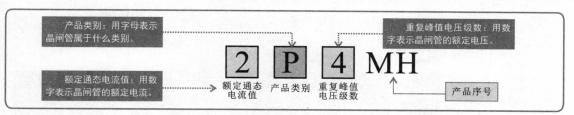

| 特别提醒 |

下表为晶闸管的类别、额定通态电流值、重复峰值电压级数的符号对照表。

额定通态电流值表示数字	含义	额定通态电流值表示数字	含义	重复峰值电压级数	含义	重复峰值电压级数	含义	类别字母	含义
1	1A	50	50A	1	100V	7	700V	P	普通反向阻断型
2	2A	100	100A	2	200V	8	800V		
5	5A	200	200A	3	300V	9	900V	K	快速反向阻断型
10	10A	300	300A	4	400V	10	1000V	S	双向型
20	20A	400	400A	5	500V	12	1200V		
30	30A	500	500A	6	600V	14	1400V		

3. 国际电子联合会晶闸管的命名方式及识读

国际电子联合会晶闸管分立器件的命名由4部分构成。

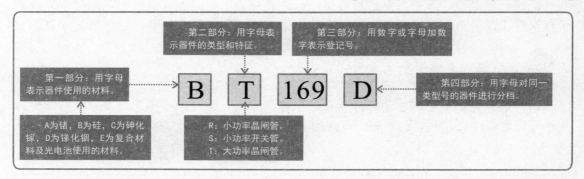

根据前文的命名方式识读几个晶闸管的参数。

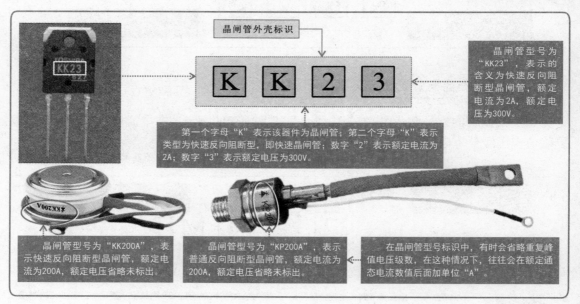

4. 晶闸管引脚极性的识别

对于普通单向晶闸管、双向晶闸管等各引脚外形无明显特征的晶闸管，目前主要根据其型号信息查阅相关资料进行识读，即识别出晶闸管的型号后，查阅半导体手册或在互联网上搜索该型号晶闸管的资料。

在常见的几种晶闸管中，快速晶闸管和螺栓型晶闸管的引脚具有很明显的外形特征，很容易识别。

【根据型号标识查阅引脚功能识别晶闸管引脚极性】

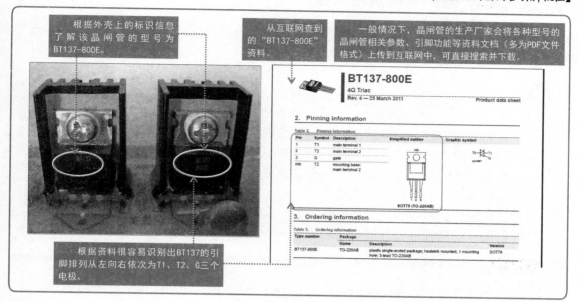

根据外壳上的标识信息了解该晶闸管的型号为BT137-800E。

从互联网查到的"BT137-800E"资料。

一般情况下，晶闸管的生产厂家会将各种型号的晶闸管相关参数、引脚功能等资料文档（多为PDF文件格式）上传到互联网中，可直接搜索并下载。

根据资料很容易识别出BT137的引脚排列从左向右依次为T1、T2、G三个电极。

【根据引脚外形特征识别晶闸管引脚极性】

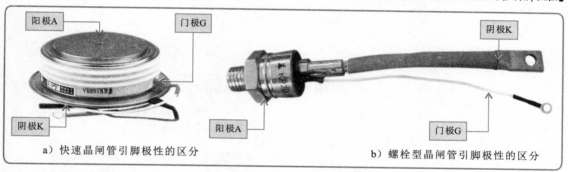

a）快速晶闸管引脚极性的区分

b）螺栓型晶闸管引脚极性的区分

识别安装在电路板上的晶闸管引脚时，可观察其周围或背面焊接面上有无标识信息，根据标识信息可以很容易识别引脚极性。也可以根据晶闸管所在电路，找到对应的电路图样，根据图样中的电路图形符号识别引脚极性。

【根据电路板上标注信息或电路图形符号识别晶闸管引脚极性】

安装在电路板上的晶闸管

注意观察焊接面上的标识信息，可以看到明确的引脚极性标识。

7.2.2 晶闸管的选用代换

检测时，若发现晶闸管损坏，则应对其进行代换。代换时，要遵循基本的代换原则及注意事项。

1. 晶闸管的代换原则及注意事项

在代换晶闸管之前，要保证所选晶闸管的规格符合要求；在代换过程中，要注意安全可靠，防止造成二次故障，力求代换后的晶闸管能够良好、长久、稳定地工作。

◇代换晶闸管时要注意反向耐压、允许电流和触发信号的极性。

◇反向耐压高的可以代换耐压低的。

◇允许电流大的可以代换允许电流小的。

◇触发信号的极性应与触发电路对应。

特别提醒

晶闸管的种类和型号较多，不同种类晶闸管的参数也不一样，若电路中的晶闸管损坏，最好选用同型号的晶闸管代换。

类 型	适用电路	选用注意事项
单向晶闸管	交直流电压控制、晶闸管整流、交流调压、逆变电源和开关电源保护等电路	◇选用晶闸管时应重点考虑额定峰值电压、额定电流、正向压降、门极触发电流及触发电压、开关速度等参数
双向晶闸管	交流开关、交流调压、交流电动机线性调速、灯具线性调光及固态继电器、固态接触器等电路	◇一般选用晶闸管的额定峰值电压和额定电流均应高于工作电路中的最大工作电压和最大工作电流的1.5～2倍 ◇所选用晶闸管的触发电压与触发电流一定要小于实际应用中的数值
逆导晶闸管	电磁灶、电子镇流器、超声波电路、超导磁能存储系统及开关电源等电路	◇所选用晶闸管的尺寸、引脚长度应符合应用电路的要求 ◇选用双向晶闸管时，还应考虑浪涌电流参数应符合电路要求
光控晶闸管	光耦合器、光探测器、光报警器、光计数器、光电逻辑电路及自动生产线的运行键控电路等	◇一般在直流电路中，可以选用普通晶闸管或双向晶闸管；在以直流电源接通和断开来控制功率的直流电路中，开关速度快、频率高，需选用高频晶闸管。值得注意的是，在选用高频晶闸管时，要特别注意高温下和室温下的耐压量值，大多数高频晶闸管在额定高温下给定的关断时间为室温下关断时间的2倍多
门极关断晶闸管	交流电动机变频调速、逆变电源及各种电子开关电路等	

---

2. 晶闸管的代换方法

晶闸管一般直接焊接在电路板上，代换时，可借助电烙铁、吸锡器和焊锡丝等工具进行拆卸和焊接操作。

以分离式晶闸管的代换方法为例。可以看到，代换过程包括拆卸和焊接两个环节。代换时，首先将电烙铁通电，进行预热，待预热完毕后，再配合吸锡器、焊锡丝等工具进行拆卸和焊接操作。

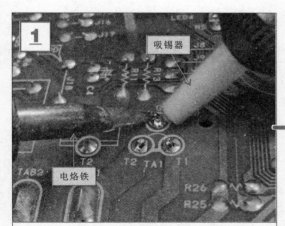

1

吸锡器

电烙铁

使用电烙铁加热晶闸管引脚焊点并用吸锡器吸走熔化的焊锡。

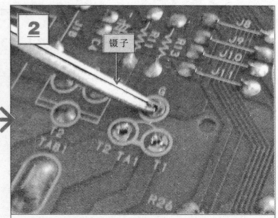

2

镊子

用镊子检查晶闸管的引脚焊点，确认是否与电路板完全脱离。

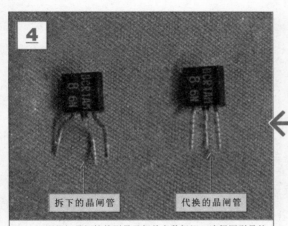

4

拆下的晶闸管

代换的晶闸管

识别损坏晶闸管的型号及相关参数标识，选择同型号的晶闸管准备代换。

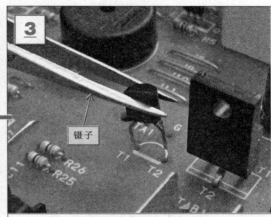

3

镊子

用镊子夹住拆除焊锡的晶闸管，将其从电路板焊孔中取下。

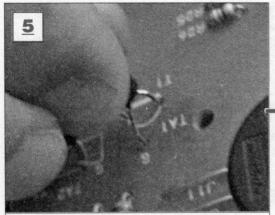

5

根据原晶闸管的引脚弯度加工代换晶闸管的引脚，然后将其插入电路板中。

6

焊锡丝

电烙铁

使用电烙铁将焊锡丝熔化在晶闸管引脚上，完成焊接后，先抽离焊锡丝再抽离电烙铁。

▶ 7.3.1 单向晶闸管引脚极性的检测方法 ≫

　　在使用万用表检测单向晶闸管的性能之前，需要先判断其引脚极性，这是检测单向晶闸管的关键环节。

　　对于一些引脚未知的晶闸管，可以使用万用表的电阻档进行简单判别。

【单向晶闸管引脚极性的检测方法】

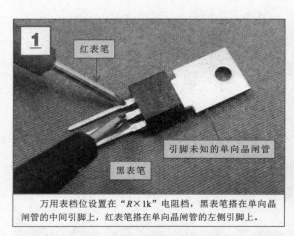

红表笔

引脚未知的单向晶闸管

黑表笔

万用表档位设置在"R×1k"电阻档，黑表笔搭在单向晶闸管的中间引脚上，红表笔搭在单向晶闸管的左侧引脚上。

从万用表的表盘上读取出实测的阻值为无穷大。

红表笔

引脚未知的单向晶闸管

黑表笔

将万用表的黑表笔搭在单向晶闸管的右侧引脚上，红表笔不动。

测得阻值为8kΩ

从万用表的表盘上读取出实测的阻值为8kΩ。

> **特别提醒**
>
> 　　单向晶闸管只有门极和阴极之间存在正向阻值，其他各引脚之间都为无穷大。当检测出两个引脚间有阻值时，可确定黑表笔所接引脚为门极（G），红表笔所接引脚为阴极（K），剩下的一个引脚为阳极（A）。

▶ 7.3.2 单向晶闸管引脚间阻值的检测方法 ≫

　　使用万用表的电阻档检测单向晶闸管引脚间的阻值来判断其是否良好。

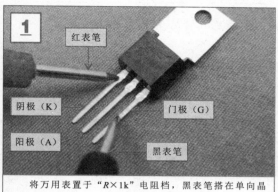

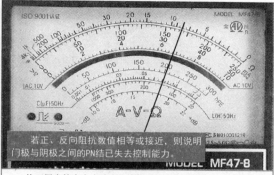

若正、反向阻抗数值相等或接近，则说明门极与阴极之间的PN结已失去控制能力。

将万用表置于"$R \times 1k$"电阻档，黑表笔搭在单向晶闸管的门极（G）上，红表笔搭在阴极（K）上。

从万用表的表盘上读取出实测的正向阻值为8kΩ。对换表笔位置，测得反向阻值为无穷大。

特别提醒

这里所测晶闸管为阴极侧受控单向晶闸管，若检测的是阳极侧受控单向晶闸管，则是G极与A极之间有一定阻值。

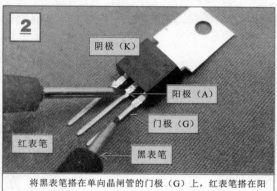

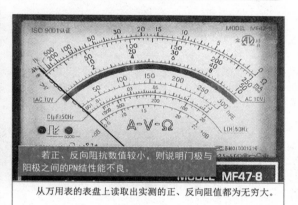

若正、反向阻抗数值较小，则说明门极与阳极之间的PN结性能不良。

将黑表笔搭在单向晶闸管的门极（G）上，红表笔搭在阳极（A）上。

从万用表的表盘上读出实测的正、反向阻值都为无穷大。

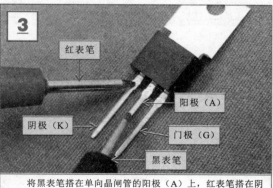

将黑表笔搭在单向晶闸管的阳极（A）上，红表笔搭在阴极（K）上。

正常情况下，从万用表的表盘上读取出实测的正、反向阻值都为无穷大。否则，说明晶闸管已损坏。

特别提醒

在路检测时，可能会受到外围元器件的影响，使测量结果不准确，最好是先将晶闸管从电路板上拆下后再进行检测。

晶闸管的触发能力是其重要特性之一，也是影响晶闸管性能的重要因素。

检测单向晶闸管的触发能力时需要为其提供触发条件，一般可用万用表进行检测，既可作为检测仪表，又可利用内电压为晶闸管提供触发条件。

【单向晶闸管触发能力的检测方法】

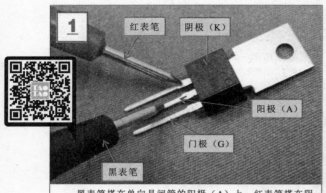

黑表笔搭在单向晶闸管的阳极（A）上，红表笔搭在阴极（K）上。

测得阻值为无穷大。

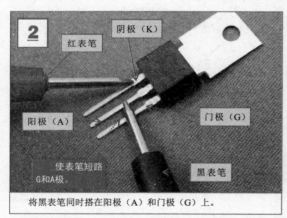

将黑表笔同时搭在阳极（A）和门极（G）上。

万用表指针向右侧大范围摆动。

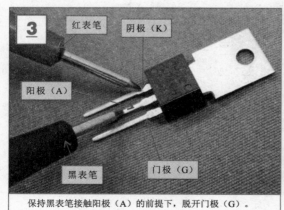

保持黑表笔接触阳极（A）的前提下，脱开门极（G）。

万用表指针仍保持指示低阻值状态。

上述检测方法是由万用表内电池产生的电流维持单向晶闸管的导通状态。但有些大电流晶闸管需要较大的电流才能维持导通状态，因此黑表笔脱离门极（G）后，晶闸管不能维持导通状态，这也是正常的。这种情况需要借助电路进行检测。

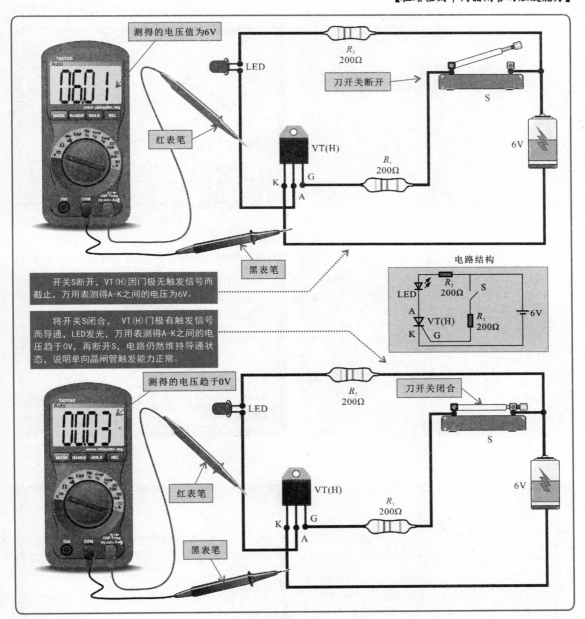

测得的电压值为6V

LED

R_2
200Ω

刀开关断开

S

6V

红表笔

VT(H)

R_1
200Ω

K G

A

黑表笔

开关S断开，VT(H)因门极无触发信号而截止，万用表测得A-K之间的电压为6V。

将开关S闭合，VT(H)门极有触发信号而导通，LED发光，万用表测得A-K之间的电压趋于0V，再断开S，电路仍然维持导通状态，说明单向晶闸管触发能力正常。

电路结构

LED
R_2
200Ω
S

A
VT(H)
R_1
200Ω
6V

K G

测得的电压趋于0V

LED

R_2
200Ω

刀开关闭合

S

6V

红表笔

VT(H)

R_1
200Ω

K G

A

黑表笔

特别提醒

　　将单向晶闸管接入电路中，开关S断开，万用表黑表笔搭在单向晶闸管的阴极（K）上，红表笔搭在阳极（A）上，观察发现，LED不亮并测得电压值为6V；将开关S闭合，LED立即发光，表明A-K间导通，红、黑表笔位置不动，万用表测得的电压接近0V。此时再次将开关S断开，LED仍保持发光状态。

　　用万用表的电阻档检测双向晶闸管各引脚间阻值的方法与检测单向晶闸管的方法基本相同，只是测量结果有所区别。

【双向晶闸管引脚间阻值的检测方法】

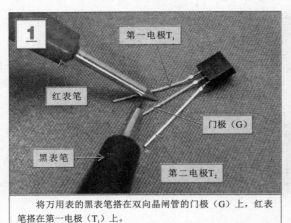

将万用表的黑表笔搭在双向晶闸管的门极（G）上，红表笔搭在第一电极（T₁）上。

从万用表上读取出实测的正向阻值为1kΩ，对换表笔位置，测得反向阻值为无穷大。

> 若正、反向阻值趋于零或无穷大，则说明该晶闸管已损坏。

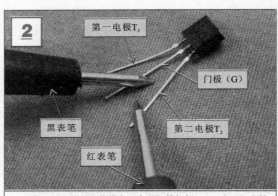

将万用表的黑表笔搭在双向晶闸管门极（G）上，红表笔搭在第二电极（T₂）上。

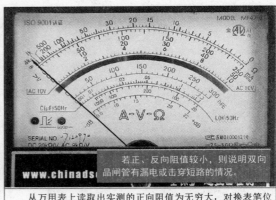

从万用表上读取出实测的正向阻值为无穷大，对换表笔位置，测得反向阻值也为无穷大。

> 若正、反向阻值较小，则说明双向晶闸管有漏电或击穿短路的情况。

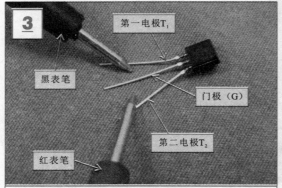

将万用表的黑表笔搭在双向晶闸管的第一电极（T₁）上，红表笔搭在第二电极（T₂）上。

从万用表上读取出实测的正向阻值为无穷大，对换表笔位置，测得反向阻值也为无穷大。

检测双向晶闸管的触发能力与检测单向晶闸管触发能力的方法基本相同,只是所测引脚极性不同。

【双向晶闸管触发能力的检测方法】

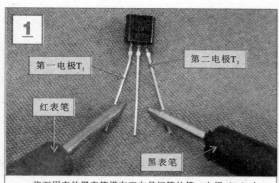

将万用表的黑表笔搭在双向晶闸管的第二电极(T₂)上,红表笔搭在第一电极(T₁)上。

观察万用表指针的指示位置可知,实际测得第一、第二电极之间的阻值为无穷大。

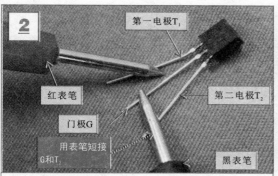

保持万用表的红表笔位置不变,将黑表笔同时搭在第二电极(T₂)和门极(G)上。

万用表指针向右侧大范围摆动(若将表笔对换后进行检测,万用表指针也向右侧大范围摆动)。

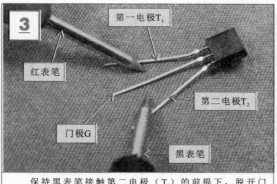

保持黑表笔接触第二电极(T₂)的前提下,脱开门极(G)。

观察万用表指针指示的位置可知,万用表指针仍保持指示低阻值状态。

同样的，对于大电流双向晶闸管，也要通过在路检测方式判断其触发能力的好坏。

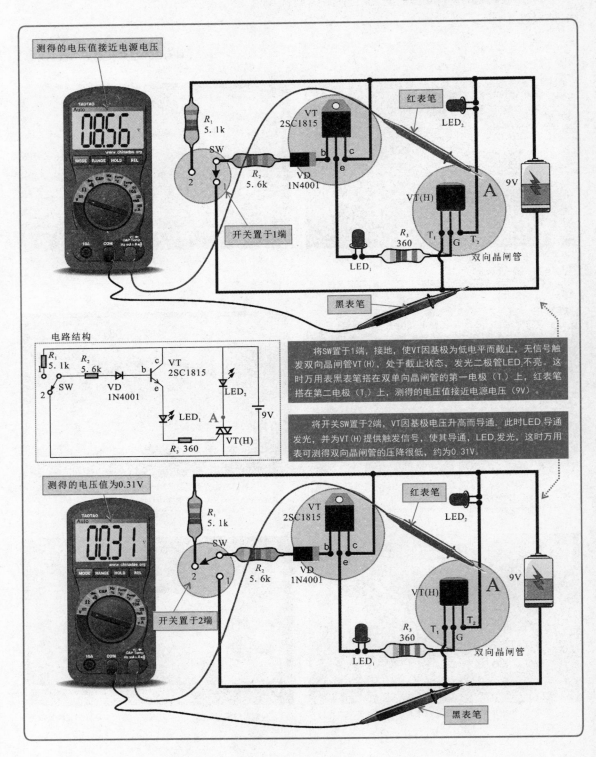

测得的电压值接近电源电压

R_1 5.1k

SW

2

1

R_2 5.6k

VD 1N4001

VT 2SC1815

b c

e

红表笔

LED$_2$

9V

VT(H)

A

R_3 360

T_1 G T_2

LED$_1$

双向晶闸管

开关置于1端

黑表笔

电路结构

R_1 5.1k

R_2 5.6k

2 SW

VD 1N4001

c

b

e

VT 2SC1815

LED$_2$

LED$_1$ A

R_3 360

VT(H)

9V

将SW置于1端，接地，使VT因基极为低电平而截止，无信号触发双向晶闸管VT(H)，处于截止状态，发光二极管LED$_1$不亮。这时万用表黑表笔搭在双单向晶闸管的第一电极（T_1）上，红表笔搭在第二电极（T_2）上，测得的电压值接近电源电压（9V）。

将开关SW置于2端，VT因基极电压升高而导通，此时LED$_1$导通发光，并为VT(H)提供触发信号，使其导通，LED$_2$发光，这时万用表可测得双向晶闸管的压降很低，约为0.31V。

测得的电压值为0.31V

R_1 5.1k

SW

2

1

R_2 5.6k

VD 1N4001

VT 2SC1815

b c

e

红表笔

LED$_2$

9V

VT(H)

A

R_3 360

T_1 G T_2

LED$_1$

双向晶闸管

开关置于2端

黑表笔

第8章
集成电路的检测

8.1 集成电路的种类和功能特点

集成电路是利用半导体工艺将电阻器、电容器、晶体管及连线制作在很小的半导体材料或绝缘基板上，形成一个完整的电路，并封装在特制的外壳之中，具有体积小、重量轻、电路稳定和集成度高等特点，在电子产品中应用十分广泛。

8.1.1 集成电路的种类特点

集成电路的种类繁多，分类方式也多种多样，根据外形和封装形式的不同主要可分为金属壳封装（CAN）、单列直插式封装（SIP）、双列直插式封装（DIP）、扁平封装（PFP、QPF）、插针网格阵列封装（PGA）、球栅阵列封装（BGA）、带引线塑料封装（PLCC）、芯片级封装（CSP）和多芯片模块封装（MCM）集成电路等。

【集成电路的实物外形】

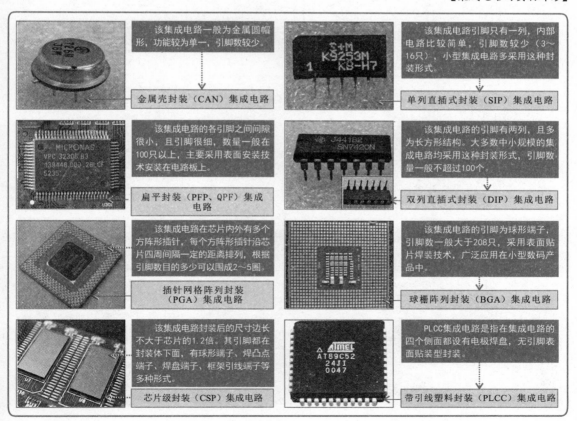

该集成电路一般为金属圆帽形，功能较为单一，引脚数较少。

金属壳封装（CAN）集成电路

该集成电路引脚只有一列，内部电路比较简单，引脚数较少（3～16只），小型集成电路多采用这种封装形式。

单列直插式封装（SIP）集成电路

该集成电路的各引脚之间间隙很小，且引脚很细，数量一般在100只以上，主要采用表面安装技术安装在电路板上。

扁平封装（PFP、QPF）集成电路

该集成电路的引脚有两列，且多为长方形结构。大多数中小规模的集成电路均采用这种封装形式，引脚数量一般不超过100个。

双列直插式封装（DIP）集成电路

该集成电路在芯片内外有多个方阵形插针，每个方阵形插针沿芯片四周间隔一定的距离排列，根据引脚数目的多少可以围成2～5圈。

插针网格阵列封装（PGA）集成电路

该集成电路的引脚为球形端子，引脚数一般大于208只，采用表面贴片焊装技术，广泛应用在小型数码产品中。

球栅阵列封装（BGA）集成电路

该集成电路封装后的尺寸边长不大于芯片的1.2倍。其引脚都在封装体下面，有球形端子、焊凸点端子、焊盘端子、框架引线端子等多种形式。

芯片级封装（CSP）集成电路

PLCC集成电路是指在集成电路的四个侧面都设有电极焊盘，无引脚表面贴装型封装。

带引线塑料封装（PLCC）集成电路

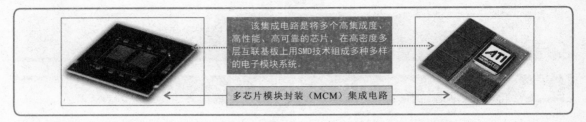

该集成电路是将多个高集成度、高性能、高可靠的芯片，在高密度多层互联基板上用SMD技术组成多种多样的电子模块系统。

多芯片模块封装（MCM）集成电路

▶ 8.1.2 集成电路的功能特点

集成电路的功能多种多样，具体功能根据内部结构的不同而不同，在实际应用中，往往起着控制、放大、转换（D-A转换、A-D转换）、信号处理及振荡等作用。

常用的运算放大器和交流放大器是电子产品中应用较为广泛的一类集成电路。

【具有放大功能的集成电路应用电路】

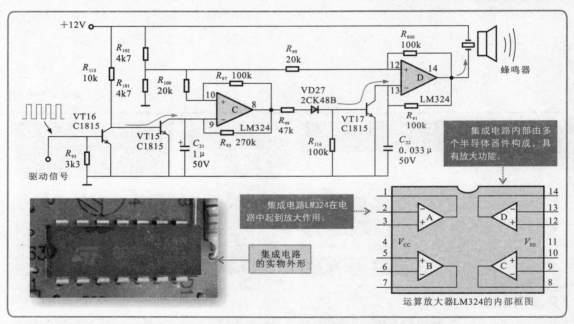

集成电路内部由多个半导体器件构成，具有放大功能。

集成电路LM324在电路中起到放大作用。

集成电路的实物外形

运算放大器LM324的内部框图

特别提醒

在实际应用中，集成电路多以功能命名，如常见的三端稳压器、运算放大器、音频功率放大器、视频解码器和微处理器等。

三端稳压器

运算放大器

微处理器

8.2 集成电路的识别与选用

8.2.1 集成电路的参数识读

识别集成电路的参数信息主要是根据一些标识信息了解其型号、引脚功能、引脚起始端及排列顺序等。

1. 集成电路型号的命名方式及识读

集成电路型号的识读包括两个方面：一是从集成电路信息标识中分辨出哪一个是型号标识；二是根据型号解读出集成电路的功能等信息。

（1）辨别型号标识。在大多集成电路的表面都会标有多行字母或数字信息，从这些信息中辨别出集成电路的型号信息十分重要。

【辨别集成电路的型号标识】

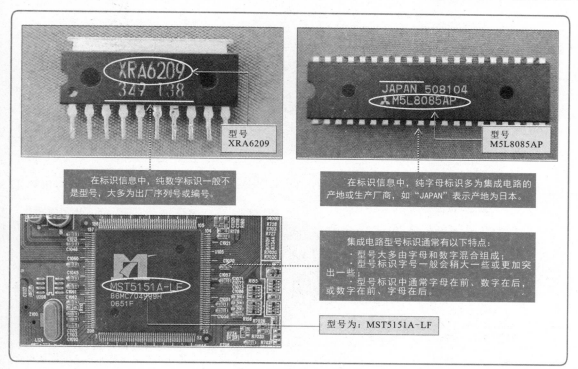

型号
XRA6209

型号
M5L8085AP

在标识信息中，纯数字标识一般不是型号，大多为出厂序列号或编号。

在标识信息中，纯字母标识多为集成电路的产地或生产厂商，如"JAPAN"表示产地为日本。

集成电路型号标识通常有以下特点：
· 型号大多由字母和数字混合组成；
· 型号标识字号一般会稍大一些或更加突出一些；
· 型号标识中通常字母在前、数字在后，或数字在前、字母在后。

型号为：MST5151A-LF

（2）解读型号标识。与识读其他电子元器件不同，一般无法从集成电路的外形上判断其功能，需要通过集成电路的型号对照集成电路手册解读相关信息，如封装形式、代换型号、工作原理及各引脚功能等。

国内外集成电路生产厂商对集成电路的命名方式有所不同。国产集成电路的型号由5部分构成。

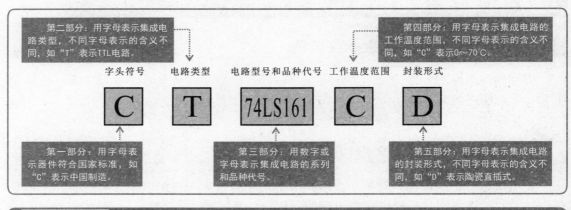

第二部分：用字母表示集成电路类型，不同字母表示的含义不同，如"T"表示TTL电路。

第四部分：用字母表示集成电路的工作温度范围，不同字母表示的含义不同，如"C"表示0～70℃。

字头符号　电路类型　电路型号和品种代号　工作温度范围　封装形式

C　T　74LS161　C　D

第一部分：用字母表示器件符合国家标准，如"C"表示中国制造。

第三部分：用数字或字母表示集成电路的系列和品种代号。

第五部分：用字母表示集成电路的封装形式，不同字母表示的含义不同，如"D"表示陶瓷直插式。

特别提醒

国产集成电路型号命名方式中各部分不同字母所表示的含义不同。

第一部分		第二部分		第三部分	第四部分		第五部分	
字头符号		集成电路类型		集成电路型号和品种代号	集成电路工作温度范围		集成电路的封装形式	
含义	含义	含义	含义		符号	含义	符号	含义
C	中国制造	B C D E F H J M T W U	非线性电路 CMOS 音响、电视 ECL 线性放大器 HTL 接口器件 存储器 TTL 稳压器 微型机	用数字或字母表示电路系列和代号	C G L E R M	0～70℃ -25～70℃ -25～85℃ -40～85℃ -55～85℃ -55～125℃	F B H D J P K T S C E G	多层陶瓷扁平 塑料扁平 黑瓷扁平 多层陶瓷双列直插 黑瓷双列直插 塑料双列直插 金属菱形 金属圆形 塑料单列直插 陶瓷片状载体 塑料片状载体 网格阵列

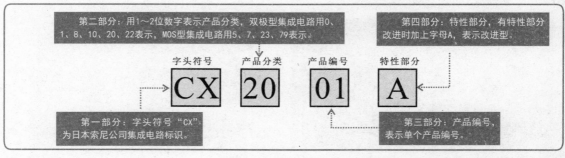

第二部分：用1～2位数字表示产品分类，双极型集成电路用0、1、8、10、20、22表示，MOS型集成电路用5、7、23、79表示。

第四部分：特性部分，有特性部分改进时加上字母A，表示改进型。

字头符号　产品分类　产品编号　特性部分

CX　20　01　A

第一部分：字头符号"CX"为日本索尼公司集成电路标识。

第三部分：产品编号，表示单个产品编号。

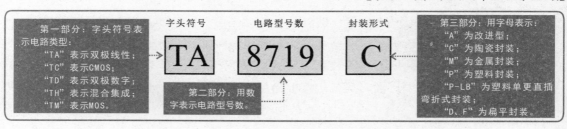

第一部分：字头符号表示电路类型：
"TA"表示双极线性；
"TC"表示CMOS；
"TD"表示双极数字；
"TH"表示混合集成；
"TM"表示MOS。

字头符号　电路型号数　封装形式

TA　8719　C

第二部分：用数字表示电路型号数。

第三部分：用字母表示：
"A"为改进型；
"C"为陶瓷封装；
"M"为金属封装；
"P"为塑料封装；
"P-LB"为塑料单更直插弯折式封装；
"D、F"为扁平封装。

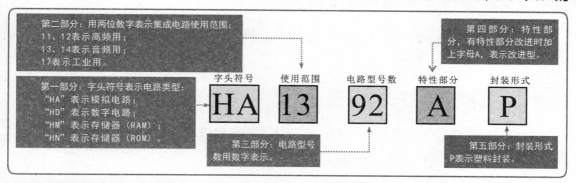

第二部分：用两位数字表示集成电路使用范围：
11、12表示高频用；
13、14表示音频用；
17表示工业用。

第一部分：字头符号表示电路类型：
"HA"表示模拟电路；
"HD"表示数字电路；
"HM"表示存储器（RAM）；
"HN"表示存储器（ROM）。

第四部分：特性部分，有特性部分改进时加上字母A，表示改进型。

字头符号　使用范围　电路型号数　特性部分　封装形式

HA　13　92　A　P

第三部分：电路型号数用数字表示。

第五部分：封装形式P表示塑料封装。

 特别提醒

在具体应用集成电路时，仅了解集成电路型号的命名方式是不够的，在选用、检测、维修、调试时还需要详细了解集成电路的功能，这时就要查阅相关的应用手册。手册会详细给出集成电路的各种技术参数、引脚名称、内部电路结构及一些典型应用电路或各引脚的相关电压或对地阻值，对检查集成电路的好坏很有帮助。

2.识别集成电路在电路中的标识信息

集成电路在电子电路中有特殊的电路标识，种类不同，对应的标识也有所区别。识读时，通常从电路标识入手，了解集成电路的种类和功能特点。

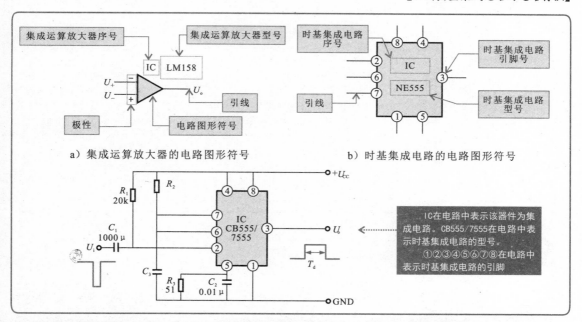

集成运算放大器序号　集成运算放大器型号

IC　LM158

U_+　$-$
U_-　$+$　U_o

引线

极性　电路图形符号

a）集成运算放大器的电路图形符号

时基集成电路序号

IC NE555

引线

时基集成电路引脚号
时基集成电路型号

b）时基集成电路的电路图形符号

R_1 20k　R_2

C_1 1000 μ

U_i

C_3　R_3 51　C_2 0.01 μ

$+U_{cc}$

IC CB555/7555

U_o

T_d

GND

IC在电路中表示该器件为集成电路。CB555/7555在电路中表示时基集成电路的型号。①②③④⑤⑥⑦⑧在电路中表示时基集成电路的引脚

特别提醒

电路图形符号表明集成电路的类型；引线由电路图形符号两端伸出，与电路图中的电路线连通，构成电子线路；标识信息通常提供集成电路的类别、在该电路图中的序号及集成电路的型号等。

若发现电子产品中的集成电路损坏，则应对其进行代换。代换时，要遵循基本的代换原则。

1. 集成电路的代换原则

集成电路的代换原则是指在代换之前，要求代换集成电路的规格符合产品要求，在代换过程中，注意安全，防止造成二次故障，力求代换后的集成电路能够良好、长久、稳定地工作。

◇ 安装集成电路时，要注意方向不要搞错，否则，通电时集成电路很可能被烧毁。

◇ 使用不同型号的集成电路进行代换时，要求对应位置的引脚功能完全相同，内部电路和电参数稍有差异也可相互直接代换。

集成电路的种类和型号较多，不同种类集成电路的参数也不一样，因此最好选用同型号的集成电路进行代换。此外，还需了解不同种类集成电路的适用电路和选用注意事项。

特别提醒

	类型	适用电路	选用注意事项
模拟集成电路	三端稳压器	各种电子产品的电源稳压电路	◇ 集成电路需严格根据电路要求选择。如电源电路是选用串联型还是开关型，输出电压是多少，输入电压是多少等都是选择时需要重点考虑的因素 ◇ 选用集成电路时需要首先了解其各种性能，重点考虑类型、参数、引脚排列等是否符合应用电路要求 ◇ 选用集成电路时，首先应查阅相关集成电路的有关资料，了解各引脚功能、应用环境、工作温度等因素是否符合要求 ◇ 根据不同的应用环境，选用不同的封装形式，即使参数功能完全相同，也应视实际情况而定 ◇ 所选用集成电路的尺寸应符合应用电路需求 ◇ 所选用集成电路的基本工作条件，如工作电压、功耗、最大输出功率等主要参数应符合电路要求
	集成运算放大器	放大、振荡、电压比较、模拟运算、有源滤波等电路	
	时基集成电路	信号发生、波形处理、定时、延时等电路	
	音频信号处理集成电路	各种音像产品中的声音处理电路	
数字集成电路	门电路	数字电路	
	触发器	数字电路	
	存储器	数码产品电路	
	微处理器	各种电子产品中的控制系统电路	
	编程器	程控设备	

2. 集成电路的代换方法

通常，集成电路都是采用焊装方式固定在电路板上，从焊装的形式上看，主要可以分为插接焊装和表面贴装两种。

◇ 插接焊装集成电路的代换方法

对于插接焊装的集成电路，其引脚通常会穿过电路板，在电路板的另一面（背面）进行焊接固定，这是应用最广的一种安装方式。

代换这类集成电路时，通常采用电烙铁、吸锡器和焊锡丝进行拆焊和安装操作。

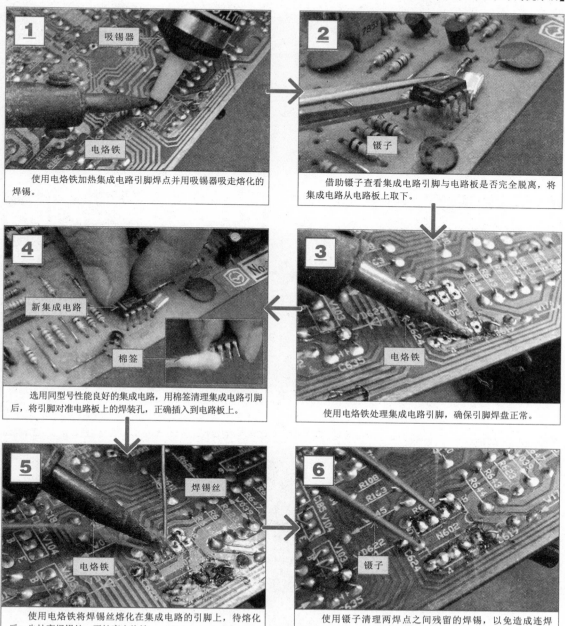

1 吸锡器 电烙铁

使用电烙铁加热集成电路引脚焊点并用吸锡器吸走熔化的焊锡。

2 镊子

借助镊子查看集成电路引脚与电路板是否完全脱离，将集成电路从电路板上取下。

4 新集成电路 棉签

选用同型号性能良好的集成电路，用棉签清理集成电路引脚后，将引脚对准电路板上的焊装孔，正确插入到电路板上。

3 电烙铁

使用电烙铁处理集成电路引脚，确保引脚焊盘正常。

5 焊锡丝 电烙铁

使用电烙铁将焊锡丝熔化在集成电路的引脚上，待熔化后，先抽离焊锡丝，再抽离电烙铁。

6 镊子

使用镊子清理两焊点之间残留的焊锡，以免造成连焊现象。

◇ 表面贴装集成电路的代换方法

对于表面贴装的集成电路，则需使用热风焊枪、镊子等工具进行拆焊和焊装。将热风焊枪的温度调节旋钮调至5～6档，将风速调节旋钮调至4～5档，打开电源开关进行预热，然后进行拆焊和焊装操作。

使用热风焊枪对集成电路的引脚焊点均匀加热。

热风焊枪

镊子

待焊锡熔化后，用镊子夹持集成电路，快速将其从电路板上取下。

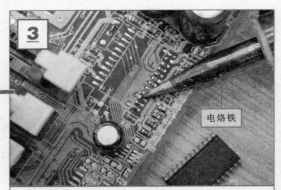

热风焊枪

镊子

将代换用集成电路的引脚对准主电路板上的焊点，用镊子按住，然后用热风焊枪对其均匀加热，待焊锡熔化后即可将集成电路焊接在电路板上。

电烙铁

如果主电路板上的引脚焊点处焊锡过多，可以使用电烙铁将焊盘刮平，注意不要损伤焊盘。

特别提醒

在集成电路代换操作中，拆焊之前，应首先对操作环境进行检查，确保操作环境干燥、整洁，操作平台稳固、平整，电路板（或设备）处于断电、冷却状态。

操作前，操作者应对自身进行放电，以免静电击穿电路板上的元器件，放电后，即可使用拆焊工具对电路板上的集成电路进行拆焊操作。

拆焊时，应确认集成电路引脚处的焊锡被彻底清除，才能小心地将集成电路从电路板上取下。取下时，一定要谨慎，若在引脚焊点处还有焊锡粘连的现象，应再用电烙铁及时清除，直至待更换集成电路稳妥取下，切不可硬拔。

拆下后，用酒精对焊孔进行清洁，若电路板上有未去除的焊锡，可用平头电烙铁将其刮平，为焊装集成电路做好准备。

在对集成电路进行焊装时，要保证焊点整齐、漂亮，不能有连焊、虚焊等现象，以免造成元器件的损坏。

值得注意的是，对于引脚较密集的集成电路，采用手工焊接的方法较易造成引脚连焊，一般在条件允许的情况下要使用贴片机进行焊接。

送入点胶机

点胶机点胶

贴片机的元器件放置盒

检测集成电路好坏常用的方法主要有电阻检测法、电压检测法和信号检测法三种。下面以三端稳压器、运算放大器、功率放大器和微处理器等几种典型集成电路为例，分别采用不同的检测方法完成集成电路的检测训练。

▶ 8.3.1 三端稳压器的结构和功能特点

三端稳压器是一种具有三只引脚的直流稳压集成电路。

【典型三端稳压器的外形特点】

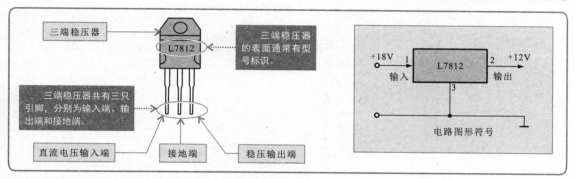

特别提醒

三端稳压器的外形与普通晶体管十分相似，有直流电压输入端、接地端和稳压输出端三只引脚。三端稳压器表面印有型号标识，用以直观体现三端稳压器的性能参数（稳压值）。

三端稳压器的功能是将输入端的直流电压稳压后输出一定值的直流电压。不同型号三端稳压器的输出端稳压值不同。

一般来说，三端稳压器输入端的电压可能会发生偏高或偏低变化，但都不影响输出侧的电压值，只要输入侧电压在三端稳压器的承受范围内，则输出侧均为一个稳定的数值，这也是三端稳压器最突出的功能特性。

【三端稳压器的功能示意】

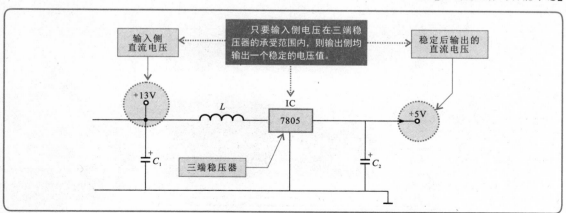

　　检测三端稳压器主要有两种方法：一种是将三端稳压器置于电路中，在工作状态下，用万用表检测其输入端和输出端的电压值，与标准值比对，即可判别其性能状态；另一种方法是在三端稳压器未通电的工作状态下，通过检测其输入端、输出端的对地阻值来判别三端稳压器的性能状态。

　　检测之前，应首先了解待测三端稳压器各引脚功能及标准输入、输出电压和电阻值，为三端稳压器的检测提供参考标准。

【了解待测三端稳压器各引脚功能及标准参数值】

通过集成电路手册查询待测三端稳压器AN7805各引脚功能及直流电压参数和电阻参数。检测时，可将实测数值与表中的数值比较，从而判断三端稳压器的好坏。

引脚	标识	引脚功能表	电阻参数/kΩ		电压/V
			红表笔接地	黑表笔接地	
1	IN	直流电压输入	8.2	3.5	8
2	GND	接地	0	0	0
3	OUT	稳压输出+5V	1.5	1.5	5

 1. 检测三端稳压器输入、输出电压

　　借助万用表检测三端稳压器的输入端、输出端电压来判断稳压器的好坏时，需要将其置于实际工作环境中。

【三端稳压器输入端供电电压的检测方法】

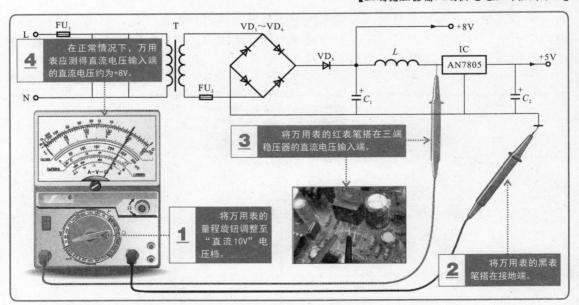

4 在正常情况下，万用表应测得直流电压输入端的直流电压约为+8V。

3 将万用表的红表笔搭在三端稳压器的直流电压输入端。

1 将万用表的量程旋钮调整至"直流10V"电压档。

2 将万用表的黑表笔搭在接地端。

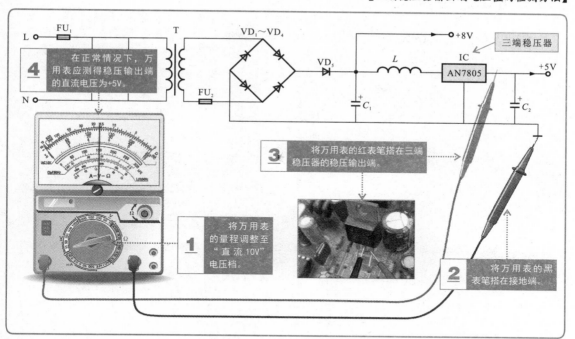

4 在正常情况下，万用表应测得稳压输出端的直流电压为+5V。

3 将万用表的红表笔搭在三端稳压器的稳压输出端。

1 将万用表的量程调整至"直流10V"电压档。

2 将万用表的黑表笔搭在接地端。

特别提醒

在正常情况下，若三端稳压器的直流电压输入端电压正常，则稳压输出端应有稳压后的电压输出；若输入端电压正常，而无电压输出，则说明稳压器损坏。

2.检测三端稳压器各引脚的阻值

判断三端稳压器的好坏还可以借助万用表检测三端稳压器各引脚的阻值。

【三端稳压器各引脚对地阻值的检测方法】

1

1脚直流电压输入端

2脚接地端

将万用表的量程旋钮调整至"20k"电阻档，黑表笔搭在三端稳压器的接地端，红表笔搭在三端稳压器的直流电压输入端。

测得三端稳压器直流电压输入端正向对地阻值约为3.5kΩ。调换表笔，检测三端稳压器直流输入端反向对地阻值，实测约为8.2kΩ。

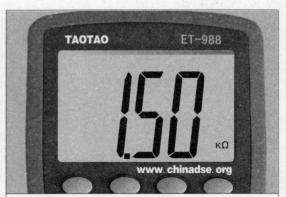

将万用表的黑表笔搭在三端稳压器的接地端，红表笔搭在稳压输出端上。	测得三端稳压器稳压输出端的正向对地阻值约为1.50kΩ。调换表笔，检测三端稳压器稳压输出端反向对地阻值也为1.50kΩ。

特别提醒

在正常情况下，三端稳压器各引脚阻值应与正常阻值近似或相同；若阻值相差较大，则说明三端稳压器性能不良。

在路检测三端稳压器引脚正、反向对地阻值判断好坏时，可能会受到外围元器件的影响导致检测结果不准，可将三端稳压器从电路板上焊下后再进行检测。

8.4 运算放大器的检测

8.4.1 运算放大器的结构和功能特点

运算放大器是具有很高放大倍数的电路单元，早期应用于模拟计算机中实现数字运算，故得名"运算放大器"。实际上，这种放大器可以应用在很多电子产品中。

从结构上看，运算放大器是一个具有放大功能的电路单元，将多个这样的电路单元集成在一起独立封装，便构成常见的以集成电路结构形式出现的运算放大器。

【典型运算放大器的实物外形】

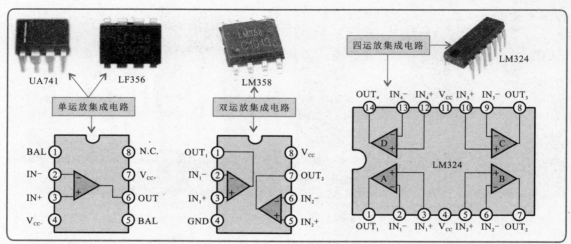

　　检测运算放大器主要有两种方法：一种是将运算放大器置于电路中，在工作状态下，用万用表检测其各引脚的对地电压值，与标准值比较，即可判别运算放大器的性能；另一种方法是借助万用表直接检测运算放大器各引脚的对地阻值，从而判别运算放大器的好坏。检测之前，首先通过集成电路手册查询待测运算放大器各引脚的直流电压参数和电阻参数，为运算放大器的检测提供参考标准。

【待测运算放大器各引脚功能及标准参数值】

引脚	标识	集成电路引脚功能	电阻参数 /kΩ		直流电压 /V
			红表笔接地	黑表笔接地	
1	OUT₁	放大信号（1）输出	0.38	0.38	1.8
2	IN₁-	反相信号（1）输入	6.3	7.6	2.2
3	IN₁+	同相信号（1）输入	4.4	4.5	2.1
4	V_CC	电源+5 V	0.31	0.22	5
5	IN₂+	同相信号（2）输入	4.7	4.7	2.1
6	IN₂-	反相信号（2）输入	6.3	7.6	2.1
7	OUT₂	放大信号（2）输出	0.38	0.38	1.8
8	OUT₃	放大信号（3）输出	6.7	23	0
9	IN₃-	反相信号（3）输入	7.6	∞	0.5
10	IN₃+	同相信号（3）输入	7.6	∞	0.5
11	GND	接地	0	0	0
12	IN₄+	同相信号（4）输入	7.2	17.4	4.6
13	IN₄-	反相信号（4）输入	4.4	4.6	2.1
14	OUT₄	放大信号（4）输出	6.3	6.8	4.2

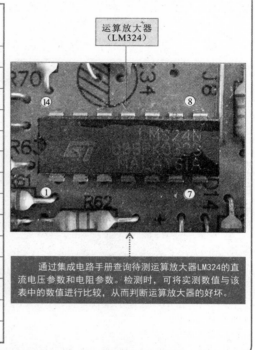

运算放大器（LM324）

通过集成电路手册查询待测运算放大器LM324的直流电压参数和电阻参数。检测时，可将实测数值与该表中的数值进行比较，从而判断运算放大器的好坏。

 1. 检测运算放大器各引脚的直流电压

　　借助万用表检测运算放大器各引脚的直流电压值，需要先将运算放大器置于实际的工作环境中，然后将万用表置于电压档，分别检测各引脚的电压值来判断运算放大器的好坏。

▰ **特别提醒**

　　在实际检测中，若检测电压与标准值比较相差较多时，不能轻易认为运算放大器故障，应首先排除是否由外围元器件异常引起的；若输入信号正常，而无输出信号时，则说明运算放大器已损坏。
　　另外需要注意的是，若运算放大器接地引脚的静态直流电压不为0V，则一般有两种情况：一种是对地引脚上铜箔线路开裂，从而造成对地引脚与地线之间断开；另一种情况是运算放大器对地引脚存在虚焊或假焊情况。

将万用表的挡位旋钮调至"直流10V"电压档。

将黑表笔搭在运算放大器的接地端（11脚），红表笔依次搭在运算放大器的各引脚上（以3脚为例）。

实测运算放大器3脚的直流电压约为2.1V。

2.检测运算放大器各引脚的阻值

可以借助万用表检测运算放大器各引脚的正、反向对地阻值，将实测结果与正常值比较，来判断运算放大器的好坏。

【运算放大器各引脚正、反向对地阻值的检测方法】

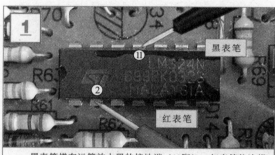

将万用表的挡位旋钮调至"R×1k"电阻档。

黑表笔搭在运算放大器的接地端（11脚），红表笔依次搭在运算放大器各引脚上（以2脚为例）。

实测运算放大器2脚的正向对地阻值约为7.6kΩ。

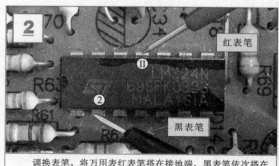

调换表笔，将万用表红表笔搭在接地端，黑表笔依次搭在运算放大器各引脚上（以2脚为例）。

实测运算放大器2脚的反向对地阻值约为6.3kΩ。

特别提醒

在正常情况下，运算放大器各引脚的正、反向对地阻值应与正常值相近。若实测结果与对照表偏差较大，或出现多组数值为0Ω或无穷大，则多为运算放大器内部损坏。

8.5.1 音频功率放大器的结构和功能特点

音频功率放大器是一种用于放大音频信号输出功率的集成电路，能够推动扬声器音圈振荡发出声音，在各种影音产品中应用十分广泛。

【常见音频功率放大器的实物外形】

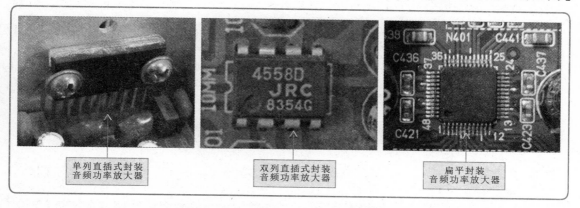

单列直插式封装音频功率放大器

双列直插式封装音频功率放大器

扁平封装音频功率放大器

在典型多声道音频功率放大电路中，所有的功率放大元器件都集成在AN7135中，由于具有两个输入、输出端，因此也称为双声道音频功率放大器，特别适合大中型音响产品。

【典型多声道音频功率放大电路】

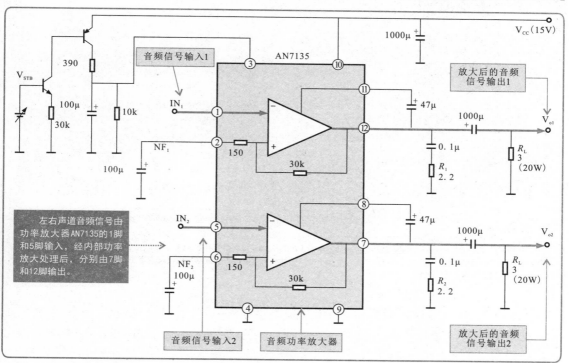

左右声道音频信号由功率放大器AN7135的1脚和5脚输入，经内部功率放大处理后，分别由7脚和12脚输出。

音频功率放大器也可以采用检测各引脚动态电压值、正反向对地阻值，并与正常参数值比较的方法来判断好坏，具体检测方法和操作步骤与运算放大器的检测方法相同。另外，根据音频功率放大器对信号放大处理的特点，还可以通过信号检测法进行判断，即将音频功率放大器置于实际工作环境中，或搭建测试电路模拟实际工作条件，并向功率放大器输入指定信号，然后用示波器检测输入、输出端信号波形来判断好坏。

下面以典型彩色电视机中音频功率放大器（TDA8944J）为例，介绍音频功率放大器的检测方法。首先根据相关电路图样或集成电路手册了解和明确待测音频功率放大器各引脚功能，为音频功率放大器的检测做好准备。

【了解和明确待测音频功率放大器各引脚功能】

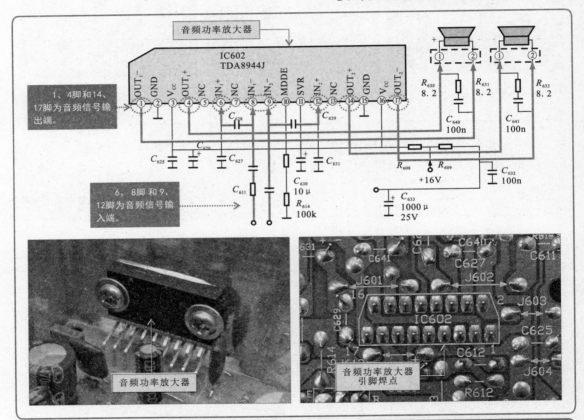

特别提醒

　　音频功率放大器（TDA8944J）的3脚和16脚为电源供电端，6脚和8脚为左声道信号输入端，9脚和12脚为右声道信号输入端，1脚和4脚为左声道信号输出端，14脚和17脚为右声道信号输出端。这些引脚是音频信号的主要检测点，除了检测输入、输出音频信号外，还需对电源供电电压进行检测。

采用信号检测法检测音频功率放大器（TDA8944J），需要明确其基本工作条件正常，如供电电压、输入端信号等，在满足工作条件正常的基础上，再借助示波器检测输出音频信号来判断音频功率放大器好坏。

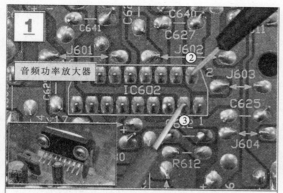

将万用表的黑表笔搭在音频功率放大器的接地端（2脚），红表笔搭在供电引脚上（以3脚为例）。

实测音频功率放大器3脚的直流电压约为16V（测量时万用表的档位旋钮调至"直流50V"电压档）。

将示波器接地夹接地，探头搭在音频功率放大器的音频信号输入端引脚上。

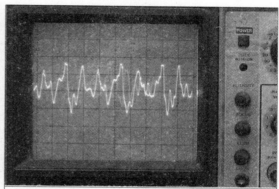

在正常情况下，音频信号输入端可测得音频信号波形。

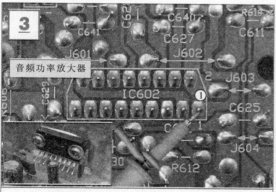

将示波器的接地夹接地，探头搭在音频功率放大器的音频信号输出端引脚上。

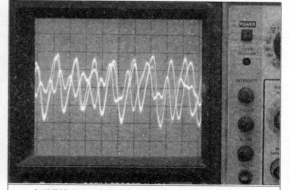

在正常情况下，音频功率放大器音频信号输出端可测得经过放大后的音频信号波形。

特别提醒

若经检测，音频功率放大器的供电正常，输入信号也正常，但无输出或输出异常，则多为音频功率放大器内部损坏。

需要注意的是，只有在明确音频功率放大器工作条件正常的前提下检测输出端信号才有实际意义，否则，即使音频功率放大器本身正常，也无法输出正常的音频信号，影响测量结果。

检测音频功率放大器性能好坏也可采用检测各引脚对地阻值的方法。

1

在路测量阻值时，应确保集成电路处于未通电状态。

将万用表的黑表笔搭在接地端，红表笔依次搭在集成电路各引脚上，检测各引脚正向对地阻值。

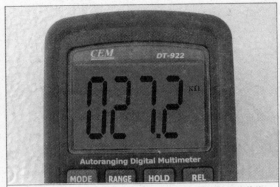

从万用表的显示屏上读取出实测各引脚正向对地阻值数值。

2

调换表笔，即红表笔搭在接地端，黑表笔依次搭在集成电路各引脚上，检测各引脚对地反向阻值。

从万用表的显示屏上读取出实测各引脚反向对地阻值数值。

3

黑表笔接地	0.8	∞	27.2	40.2	150	0	0.8	30.2	0	30.2	30.2	0	30.2
引脚号	1	2	3	4	5	6	7	8	9	10	11	12	13
红表笔接地	0.8	∞	12.1	5	11.4	0	0.8	8.5	0	8.5	8.5	0	8.5

注：单位为kΩ。

← 实测结果

黑表笔接地	0.78	∞	27	40.2	150	0	0.78	30.1	0	30.1	30.2	0	30.1
引脚号	1	2	3	4	5	6	7	8	9	10	11	12	13
红表笔接地	0.78	∞	12	5	11.4	0	0.78	8.4	0	8.4	8.4	0	8.4

注：单位为kΩ。

← 标准数值

将实测结果与集成电路手册中的标准值比较。

特别提醒

根据比较结果可对音频功率放大器的好坏做出判断：
◇ 若实测结果与标准值相同或十分相近，则说明正常。
◇ 若出现多组引脚正、反向阻值为0Ω或无穷大时，表明内部损坏。
电阻法检测音频功率放大器需要有标准值比较才能做出判断，如果无法找到集成电路的手册资料，则可以找一台与所测机器型号相同且正常的机器作为对照，通过实测相同部位的音频功率放大器各引脚阻值作为参考标准。若所测音频功率放大器与对照机器中音频功率放大器引脚的对地阻值相差很大，则多为所测音频功率放大器损坏。

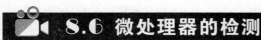

8.6 微处理器的检测

8.6.1 微处理器的结构和功能特点

微处理器简称CPU，是将控制器、运算器、存储器、稳压电路、输入和输出通道、时钟信号产生电路等集成一体的大规模集成电路，由于具有分析和判断功能，犹如人的大脑，因而又称为微型计算机，广泛应用于各种电子电器产品中，为产品增添智能功能。

目前，大多数电子产品都具备自动控制功能，该功能大多是由微处理器实现的。由于不同电子产品的功能不同，因此微处理器所实现的具体控制功能也不同。

例如，彩色电视机中的微处理器主要用来接收由遥控器或操作按键送来的人工指令，并根据内部程序和数据信息将这些指令信息变为控制各单元电路的控制信号，实现对彩色电视机开/关机、选台、音量/音调、亮度、色度、对比度等功能和参数的调整和控制。

【典型彩色电视机中微处理器的实物外形及功能框图】

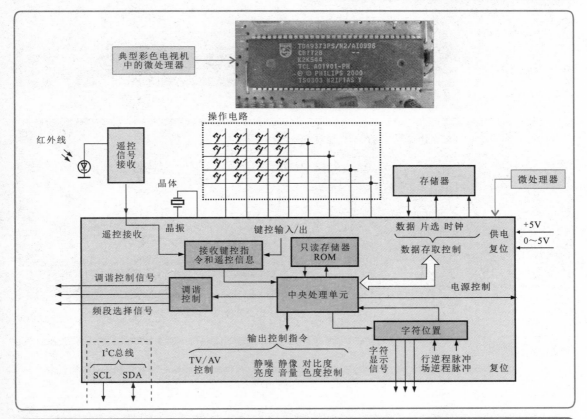

特别提醒

在彩色电视机中，微处理器外接晶体，与其内部电路构成时钟信号发生器，为整个微处理器提供同步脉冲。微处理器中的只读存储器（ROM）存储基本工作程序。人工操作指令和遥控指令分别由操作按键和遥控接收电路送入中央处理单元。中央处理单元便会根据当前接收的指令，向彩色电视机各单元电路发送相应的控制指令。

　　检测微处理器主要有两种方法：一种是借助万用表检测微处理器各引脚的电压值或正、反向对地阻值，根据实测结果与微处理器手册中的正常数值比较，从而判别其性能；另一种方法是将微处理器置于工作环境中，在工作状态下，借助万用表及示波器检测关键引脚的电压或信号波形，根据检测结果判断其性能。

　　使用万用表检测微处理器各引脚直流电压或正、反向对地阻值的方法与运算放大器的检测方法相同。下面以检测微处理器各引脚正、反向对地阻值为例。

【微处理器各引脚对地阻值的检测方法】

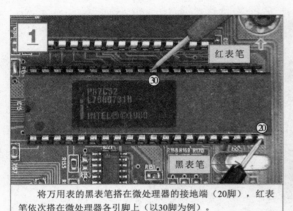

将万用表的黑表笔搭在微处理器的接地端（20脚），红表笔依次搭在微处理器各引脚上（以30脚为例）。

实测微处理器30脚的正向对地阻值约为6.1kΩ。

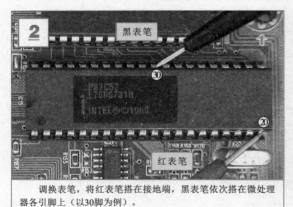

调换表笔，将红表笔搭在接地端，黑表笔依次搭在微处理器各引脚上（以30脚为例）。

实测微处理器30脚的反向对地阻值约为9.2kΩ。

特别提醒

在正常情况下，微处理器各引脚的正、反向对地阻值应与标准值相近，否则，可能为内部损坏，需要用同型号的微处理器代换。

　　微处理器的型号不同，引脚功能也不同，但基本都包括供电端、晶振端、复位端、I^2C总线信号端和控制信号输出端，因此，判断微处理器的性能可通过对这些引脚的电压或信号参数进行检测。若这些关键引脚参数均正常，但微处理器控制功能仍无法实现，则多为内部电路异常。

微处理器供电及复位电压的检测方法与集成电路供电电压的检测方法相同。下面主要介绍用示波器检测微处理器晶振信号、I²C总线信号的方法。

【使用示波器检测微处理器晶振信号、I²C总线信号的方法】

将示波器的接地夹接地，探头搭在微处理器的晶振信号端（18脚或19脚上）。

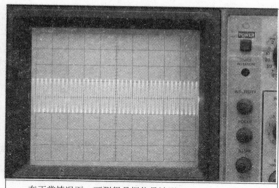

在正常情况下，可测得晶振信号波形。

将示波器的接地夹接地，探头搭在微处理器I²C总线信号中的串行时钟信号端（10脚）。

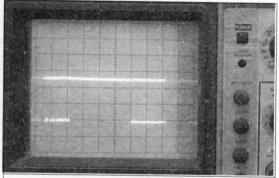

在正常情况下，可测得I²C总线串行时钟信号（SCL）波形。

将示波器的接地夹接地，探头搭在微处理器I²C总线信号中的数据信号端（11脚）。

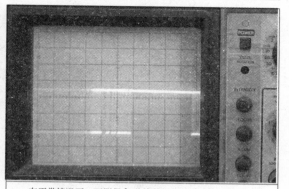

在正常情况下，可测得I²C总线数据信号（SDA）波形。

特别提醒

　　I²C总线信号是微处理器中的标志性信号之一，也是微处理器对其他电路进行控制的重要信号，若该信号消失，则可以说明微处理器没有处于工作状态。

　　在正常情况下，若微处理器供电、复位和晶振三大基本条件正常，一些标志性输入信号正常，但I²C总线信号异常或输出端控制信号异常，则多为微处理器内部损坏。

检测之前，可通过集成电路手册查询待测微处理器相关性能参数，作为微处理器实际检测结果的比较标准。

引脚	标识	集成电路引脚功能	电阻参数 /kΩ		直流电压参数 /V
			红表笔接地	黑表笔接地	
1	HSEL$_0$	地址选择信号（0）输出	9.1	6.8	5.4
2	HSEL$_1$	地址选择信号（1）输出	9.1	6.8	5.5
3	HSEL$_2$	地址选择信号（2）输出	7.2	4.6	5.3
4	DS	主数据信号输出	7.1	4.6	5.3
5	R/W	读写控制信号	7.1	4.6	5.3
6	CFLEVEL	状态标志信号输入	9.1	6.8	0
7	DACK	应答信号输入	9.1	6.8	5.5
8/9	RESET	复位信号	9.1/2.3	6.8/2.2	5.5/0.2
10	SCL	时钟线	5.8	5.2	5.5
11	SDA	数据线	9.2	6.6	0
12	INT	中断信号输入/输出	5.8	5.6	5.5
13	REM IN-	遥控信号输入	9.2	5.8	5.4
14	DSA CLK	时钟信号输入/输出	9.2	6.6	0
15	DSA DATA	数据信号输入/输出	5.4	5.3	5.3
16	DSA ST	选通信号输入/输出	9.2	6.6	5.5
17	OK	卡拉OK信号输入	9.2	6.6	5.5
18 /19	XTAL	晶振（12MHz）	9.2/9.2	5.3/5.2	2.7/2.5
20	GND	接地	0	0	0
21	VFD ST	屏显选通信号输入/输出	8.6	5.5	4.4
22	VFD CLK	屏显时钟信号输入/输出	8.6	6.2	5.3
23	VFD DATA	屏显数据信号输入/输出	9.2	6.7	1.3
24/25	P2.3/P2.4	未使用	9.2	6.6	5.5
26	MIN IN	话筒检测信号输入	9.2	6.6	5.5
27	P2.6	未使用	9.2	6.7	2
28	-YH CS	片选信号输出	9.2	6.6	5.5
29	PSEN	使能信号输出	9.2	6.6	5.5
30	ALE/PROG	地址锁存使能信号	9.2	6.7	1.7
31	EANP	使能信号	1.6	1.6	5.5
32	P0.7	主机数据信号（7）输出/输入	9.5	6.8	0.9
33	P0.6	主机数据信号（6）输出/输入	9.3	6.7	0.9
34	P0.5	主机数据信号（5）输出/输入	5.4	4.8	5.2
35	P0.4	主机数据信号（4）输出/输入	9.3	6.8	0.9
36	P0.3	主机数据信号（3）输出/输入	6.9	4.8	5.2
37	P0.2	主机数据信号（2）输出/输入	9.3	6.7	1
38	P0.1	主机数据信号（1）输出/输入	9.3	6.7	1
39	P0.0	主机数据信号（0）输出/输入	9.3	6.7	1
40	V$_{cc}$	电源+5.5V	1.6	1.6	5.5

第9章
其他电器部件的检测

9.1 开关的功能特点和检测方法

9.1.1 开关的功能特点

开关是一种控制电路闭合、断开的电气部件，主要用于对自动控制系统电路发出操作指令，从而实现对供配电线路、照明线路、电动机控制线路等实用电路的自动控制。

根据结构功能的不同，较常用的开关通常包含开启式负荷开关、按钮、位置检测开关及隔离开关等。

【常见开关的实物外形】

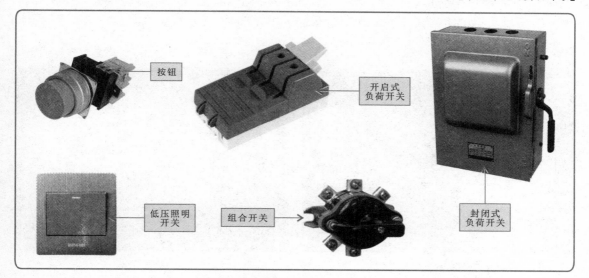

按钮
开启式负荷开关
低压照明开关
组合开关
封闭式负荷开关

特别提醒

按钮是一种手动操作的电气开关，其触点允许通过的电流很小，因此，在一般情况下按钮不直接控制主电路的通、断，通常在控制电路中作为控制开关使用。

低压照明开关主要用于照明线路中控制照明灯的亮、灭状态。低压照明开关的相关参数信息通常标注在其背面，便于根据这些标识信息将其安装在合适的环境中。

开启式负荷开关又称为胶盖刀开关，可作为低压电气照明电路、建筑工地供电、农用机械供电及分支电路的配电开关等，可以在带负荷状态下接通或切断电源电路。开启式负荷开关按其极数的不同，主要分为两极式（250V）和三极式（380V）两种。

封闭式负荷开关又称为铁壳开关，是在开启式负荷开关基础上改进的一种手动开关，其操作性能和安全防护都优于开启式负荷开关。封闭式负荷开关通常用于额定电压小于500V，额定电流小于200A的电气设备中。其内部使用速断弹簧，可保证外壳在打开的状态下不能合闸，提高了安全防护能力。

组合开关又称为转换开关，是由多组开关构成的一种转动式刀开关，主要用于接通或切断电路。这种开关具有体积小、寿命长、结构简单、操作方便等优点，通常在机床设备或其他电气设备中应用比较广泛。

开关的主要功能就是通过自身触点的"闭合"与"断开"来控制所在线路的通、断状态。不同类型的开关，控制功能和原理基本相同。

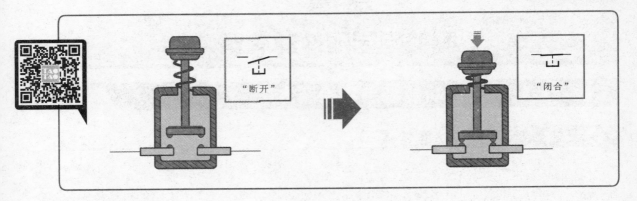

► 9.1.2 开关的检测方法 »

检测开关时，可通过外观直接判断其性能是否正常，还可以借助万用表直接进行检测。下面以常见的常开按钮为例介绍检测的基本方法。

【常开按钮的检测和性能好坏判断方法】

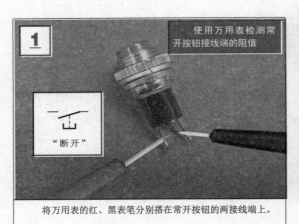

将万用表的红、黑表笔分别搭在常开按钮的两接线端上。

在正常情况下，按钮触点处于断开状态，万用表测得的阻值为无穷大。

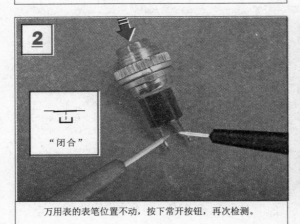

万用表的表笔位置不动，按下常开按钮，再次检测。

万用表测得的阻值应为0Ω，若所测结果不符，则表明该常开按钮损坏。

9.2.1 继电器的功能特点

继电器是一种根据外界输入量（电、磁、声、光、热）来控制电路"接通"或"断开"的电动控制器件，当输入量的变化达到规定要求时，在电气输出电路中，控制量发生预定的跃阶变化。其输入量可以是电压、电流等电量，也可是非电量，如温度、速度、压力等，输出量则是触头的动作。

常见的继电器主要有电磁继电器、热继电器、中间继电器、时间继电器、速度继电器、压力继电器、温度继电器、电压继电器和电流继电器等。

【常见继电器的实物外形】

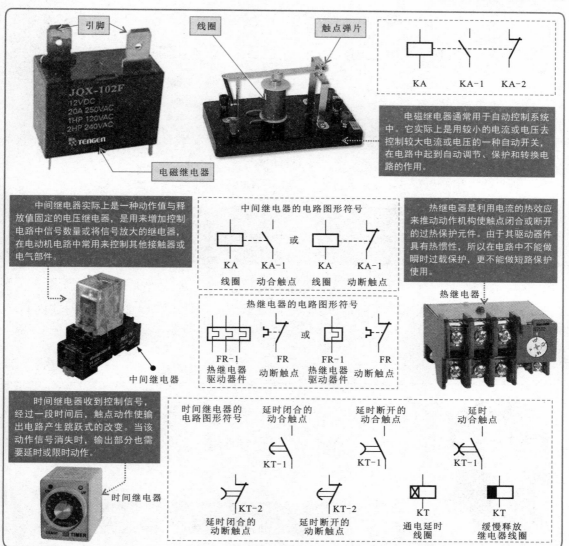

引脚　线圈　触点弹片

JQX-102F
12VDC
20A 250VAC
1HP 120VAC
2HP 240VAC
TENGEN

电磁继电器

KA　KA-1　KA-2

电磁继电器通常用于自动控制系统中。它实际上是用较小的电流或电压去控制较大电流或电压的一种自动开关，在电路中起到自动调节、保护和转换电路的作用。

中间继电器实际上是一种动作值与释放值固定的电压继电器，是用来增加控制电路中信号数量或将信号放大的继电器，在电动机电路中常用来控制其他接触器或电气部件。

中间继电器的电路图形符号

KA　KA-1　或　KA　KA-1
线圈　动合触点　　线圈　动断触点

中间继电器

热继电器是利用电流的热效应来推动动作机构使触点闭合或断开的过热保护元件。由于其驱动器件具有热惯性，所以在电路中不能做瞬时过载保护，更不能做短路保护使用。

热继电器的电路图形符号

FR-1　FR　或　FR-1　FR
热继电器　动断触点　　热继电器　动断触点
驱动器件　　　　　驱动器件

热继电器

时间继电器收到控制信号，经过一段时间后，触点动作使输出电路产生跳跃式的改变。当该动作信号消失时，输出部分也需要延时或限时动作。

时间继电器的电路图形符号

延时闭合的动合触点　延时断开的动合触点　延时动合触点
KT-1　KT-1　KT-1

时间继电器

延时闭合的动断触点　延时断开的动断触点　通电延时线圈　缓慢释放继电器线圈
KT-2　KT-2　KT　KT

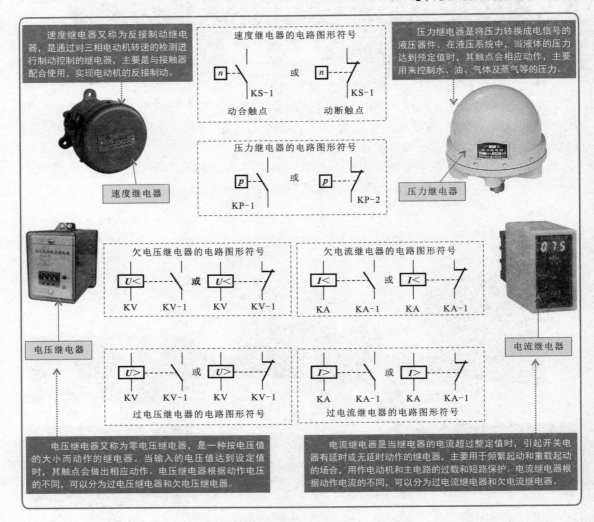

速度继电器又称为反接制动继电器，是通过对三相电动机转速的检测进行制动控制的继电器，主要是与接触器配合使用，实现电动机的反接制动。

速度继电器的电路图形符号

动合触点 或 动断触点

速度继电器

压力继电器的电路图形符号

压力继电器是将压力转换成电信号的液压器件。在液压系统中，当液体的压力达到预定值时，其触点会相应动作，主要用来控制水、油、气体及蒸气等的压力。

压力继电器

欠电压继电器的电路图形符号

欠电流继电器的电路图形符号

电压继电器

电流继电器

过电压继电器的电路图形符号

过电流继电器的电路图形符号

电压继电器又称为零电压继电器，是一种按电压值的大小而动作的继电器。当输入的电压值达到设定值时，其触点会做出相应动作。电压继电器根据动作电压的不同，可以分为过电压继电器和欠电压继电器。

电流继电器是当继电器的电流超过整定值时，引起开关电器有延时或无延时动作的继电器，主要用于频繁起动和重载起动的场合，用作电动机和主电路的过载和短路保护。电流继电器根据动作电流的不同，可以分为过电流继电器和欠电流继电器。

　　继电器是一种由弱电通过电磁线圈控制开关触点的器件，是由驱动线圈和开关触点两部分组成的。其电路图形符号一般包括线圈和开关触点两部分，其中开关触点的数量可以为多个。

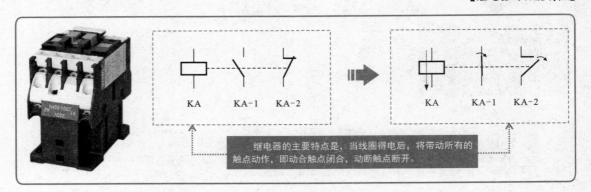

继电器的主要特点是，当线圈得电后，将带动所有的触点动作，即动合触点闭合，动断触点断开。

　　一般可借助万用表检测继电器引脚间（包括线圈引脚间、触点引脚间）的阻值判断其是否正常。

　　下面以典型的电磁继电器为例，借助万用表检测各引脚间的阻值来判断继电器性能的好坏。

【电磁继电器的检测方法】

1 将万用表的红、黑表笔分别搭在动断触点的两引脚端。

在正常情况下，万用表测得的阻值为0Ω。

2 将万用表的红、黑表笔分别搭在动合触点的两引脚端。

在正常情况下，万用表测得的阻值为无穷大。

3 将万用表的红、黑表笔分别搭在线圈的两引脚端。

在正常情况下，动断触点间的阻值为0Ω，动合触点间的阻值为无穷大，线圈应有一定的阻值。否则，说明继电器内部存在异常或已经损坏。

在正常情况下，万用表应测得一定的阻值。

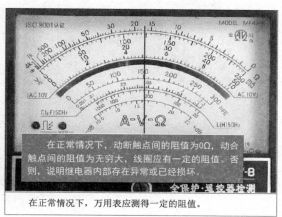

光耦合器是一种光电转换器件，其内部实际上是由一个光敏晶体管和一个发光二极管构成的，是一种以光电方式传递信号的器件。

光耦合器有直射型和反射型两种。

【常见光耦合器的实物外形】

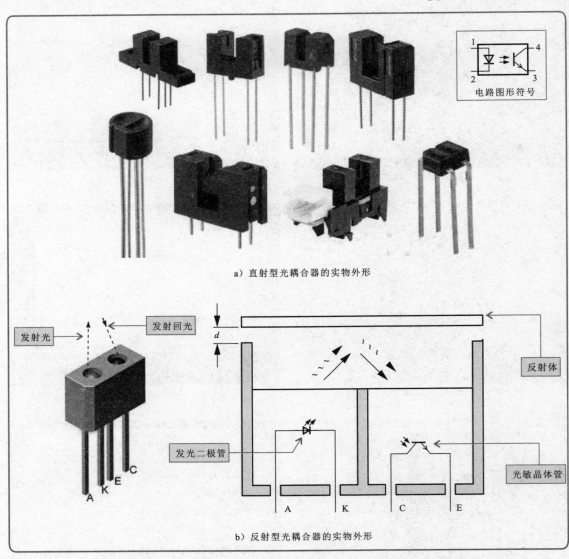

电路图形符号

a）直射型光耦合器的实物外形

b）反射型光耦合器的实物外形

光耦合器是将发光二极管和光敏二极管（或光敏晶体管）配合使用的传感器件。发光二极管所发射的光经光路照射到光敏器件上，如果光路被遮挡，则光敏器件不会收到光信号，这种传感器可被制成各种形状以便应用于各种场合。

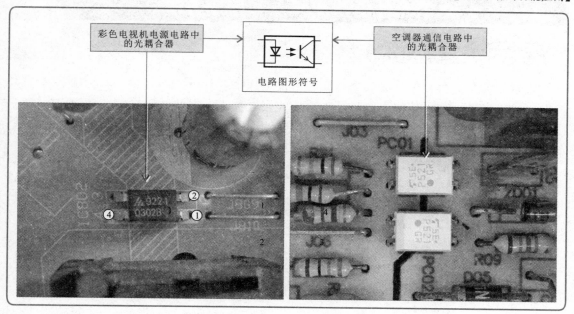

彩色电视机电源电路中
的光耦合器

电路图形符号

空调器通信电路中
的光耦合器

▶ 9.3.2 光耦合器的检测方法 ≫

一般可通过检测光耦合器引脚间阻值的方法判断其好坏，即分别检测二极管侧和光
敏晶体管侧的正反向阻值，根据二极管和光敏晶体管的特性，判断光耦合器内部是否存
在击穿短路或断路情况。

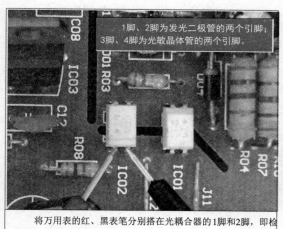

1脚、2脚为发光二极管的两个引脚；
3脚、4脚为光敏晶体管的两个引脚。

将万用表的红、黑表笔分别搭在光耦合器的1脚和2脚，即检
测内部发光二极管两个引脚间的正、反向阻值。

正常情况下，可测得光耦合器1脚和2脚之间的正向有一定
阻值，反向阻值趋于无穷大。

特别提醒

在正常情况下，排除外围元器件的影响（可将光耦合器从电路板中取下）后，光耦合器内发光二极管侧的正向应有一定的阻值，
反向为无穷大；光敏晶体管侧的正、反向阻值都应为无穷大。

9.4.1 霍尔元件的功能特点

霍尔元件是一种锑铟半导体器件，在外加偏压的条件下，受到磁场的作用会有电压输出，且输出电压的极性和强度与外加磁场的极性和强度有关。用霍尔元件制作的磁场传感器被称为霍尔传感器，为了提高输出信号的幅度，通常将放大电路与霍尔元件集成在一起，这种电路被制成三端器件或四端器件，为实际应用提供了极大方便。

【霍尔元件的电路图形符号和等效电路】

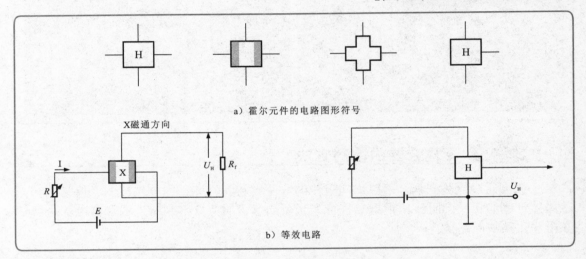

a）霍尔元件的电路图形符号

b）等效电路

霍尔传感器是一个磁电传感器，是将放大器、温度补偿电路及稳压电源集成到一个芯片上的器件。

【霍尔传感器】

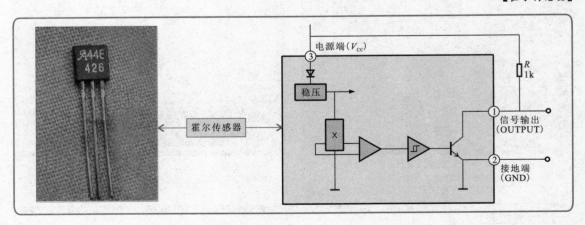

霍尔传感器（HST）常用的接口电路可以与晶体管、晶闸管、二极管、TTL电路和MOS电路配接，为霍尔传感器的应用提供了极大便利。

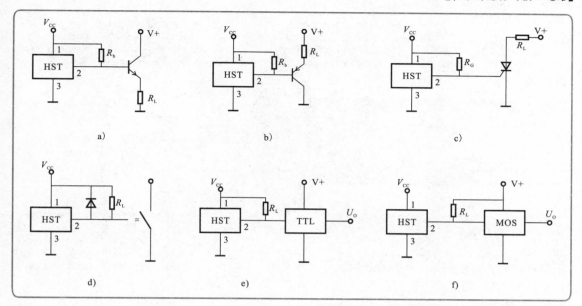

霍尔元件可以将磁场的极性变成电信号的极性，因此主要应用于需要磁场检测的场合，如在电动自行车无刷电动机、调速转把中均有应用。

无刷电动机定子绕组必须根据转子磁极的方位切换其中的电流方向，才能使转子连续旋转，因此在无刷电动机内必须设置一个检测转子磁极位置的传感器，这种传感器通常采用霍尔元件。

【霍尔元件在电动自行车无刷电动机中的应用】

电动自行车调速转把中的霍尔元件，可以将控制信号送入控制器中，控制器根据信号的大小控制电动自行车中电动机的转速。

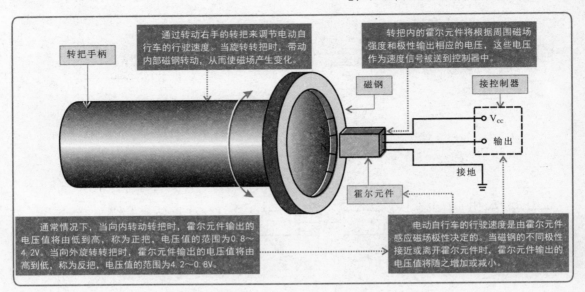

转把手柄

通过转动右手的转把来调节电动自行车的行驶速度。当旋转转把时，带动内部磁钢转动，从而使磁场产生变化。

转把内的霍尔元件将根据周围磁场强度和极性输出相应的电压，这些电压作为速度信号被送到控制器中。

磁钢

接控制器

V_{cc}

输出

接地

霍尔元件

通常情况下，当向内转动转把时，霍尔元件输出的电压值将由低到高，称为正把，电压值的范围为0.8～4.2V；当向外旋转转把时，霍尔元件输出的电压值将由高到低，称为反把，电压值的范围为4.2～0.8V。

电动自行车的行驶速度是由霍尔元件感应磁场极性决定的。当磁钢的不同极性接近或离开霍尔元件时，霍尔元件输出的电压值将随之增加或减小。

▶ 9.4.2 霍尔元件的检测方法 》》

判断霍尔元件是否正常时，可使用万用表分别检测霍尔元件引脚间的阻值。以电动自行车调速转把中的霍尔元件为例进行说明。

【霍尔元件的检测方法】

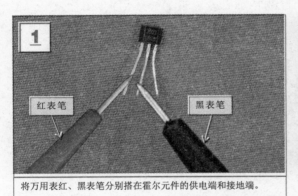

1

红表笔

黑表笔

将万用表红、黑表笔分别搭在霍尔元件的供电端和接地端。

经检测，霍尔元件两引脚间的阻值为0.9kΩ。

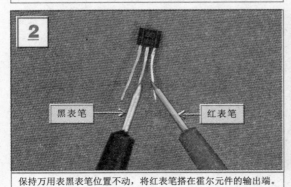

2

黑表笔

红表笔

保持万用表黑表笔位置不动，将红表笔搭在霍尔元件的输出端。

经检测，霍尔元件两引脚间的阻值为8.7kΩ。

▶ 9.5.1 扬声器的功能特点 ≫

扬声器俗称喇叭，是音响系统中不可或缺的部分，能够将电信号转换为声波传送出去。

【常见扬声器的实物外形及典型应用】

扬声器主要是由磁路系统和振动系统组成的。其中，磁路系统由环形磁铁、磁柱和导磁板组成；振动系统由纸盆、纸盆支架、音圈、音圈支架等部分组成。

【扬声器的结构】

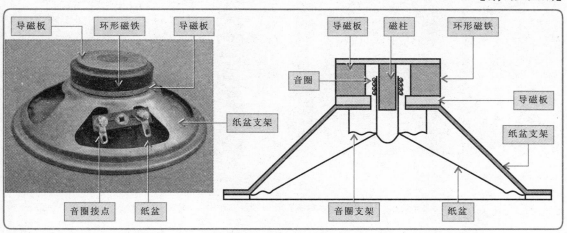

特别提醒

音圈是用漆包线绕制而成的，匝数很少（通常只有几十匝），故阻抗很小。音圈的引出线平贴着纸盆，用胶水固定。纸盆是由特制的模压纸制成的，在中心加有防尘罩，防止灰尘和杂物进入磁隙影响振动效果。

扬声器的工作原理是当音圈通入音频电流后,在电流的作用下产生一个交变的磁场,从而在永久磁铁所形成的磁场中形成振动。

由于音圈产生的磁场其大小和方向随音频电信号的变化不断改变,因此两个磁场的相互作用使音圈做垂直于音圈电流方向的运动。由于音圈和纸盆相连,因此音圈带动纸盆振动,再由纸盆引起空气的振动而发出声音。

在工作过程中,输给音圈的音频电流越大,所受到磁场的作用力越大,纸盆振动的幅度也就越大,声音则越响;反之,声音则越弱。扬声器可以发出高音的部分主要在纸盆的中央,发出低音的部分主要在纸盆的边缘。如果扬声器的纸盆边缘较为柔软且口径较大,则扬声器发出的低音效果较好。

▶ 9.5.2 扬声器的检测方法

使用万用表检测扬声器时,可通过检测扬声器的阻值来判断其是否损坏。

【扬声器的检测方法】

1 线圈接点

标称值为 8Ω

检测前,可先了解待测扬声器的标称交流阻抗值,为检测提供参照标准。

2 扬声器

将万用表的红、黑表笔分别搭在待测扬声器音圈的两个接点上,检测其直流电阻。

观察显示屏,识读当前测量值为7.5Ω(略小于标称交流阻抗,正常)。

在正常情况下,扬声器音圈的直流电阻比标称的交流电阻要小一些。若所测阻值为0Ω或者为无穷大,则说明扬声器已损坏,需要更换。

通常,如果扬声器性能良好,则在检测时,将万用表的一只表笔搭在扬声器的一个端子上,当另一只表笔触碰扬声器的另一个端子时,扬声器会发出"咔咔"声。如果扬声器损坏,则不会有声音发出。这一现象在检测判别故障时十分有效。此外,扬声器出现音圈粘连或卡死、纸盆损坏等情况时用万用表是判别不出来的,必须通过试听音响效果才能判别。